죽염은
과학이다

죽염은 과학이다

초판 1쇄 발행_2011년 5월 10일
　　2쇄 발행_2012년 8월 20일
2판　1쇄 발행_2018년 3월 15일

지은이_박시우
E-mail_swpark@koreasalt.com
펴낸이_박연정
펴낸곳_도서출판 하늘소금

등록번호_제 546-2014-000001 호
주소_경상남도 함양군 함양읍 교산4길 9
전화번호_055-964-6661

ISBN 979-11-962860-0-2
ⓒ박시우, 2011

이 도서의 국립중앙도서관 출판예정도서목록(CIP)은
서지정보유통지원시스템 홈페이지(http://seoji.nl.go.kr)와
국가자료공동목록시스템(http://www.nl.go.kr/kolisnet)에서 이용하실 수 있습니다.
(CIP제어번호: CIP2018001826)

* 책값은 뒤표지에 있습니다.
* 잘못된 책은 구입하신 서점에서 바꿔드립니다.

미네랄이 풍부한 소금으로 만든

죽염은
과학이다

박시우 지음

하늘소금
도서출판 소금

part3 죽염

part4 활성산소와 죽염의 실험

죽염 체험담

지은이의 말

부록

추천의 글

竹鹽 연구의 빛나는 結實

오늘날 지구상에 존재하는 모든 의료체계를 크게 분류하자면 서양의료와 동양의료, 제도권 의료와 비非 제도권 의료, 그리고 대체의료에 이르기까지 질병을 고치려는 인류의 시도와 노력은 실로 다양하게 전개되고 있다. 하지만, 후천성 면역결핍증으로 불리는 에이즈 AIDS를 위시하여 각종 암, 난치병과 원인조차 알 수 없는 온갖 괴질의 치료에 있어서는 여전히 해결 난망難望임을 부인하기 어려운 게 사실이다. 믿고 싶지는 않지만 '인류의 의료 능력의 한계'라고 여길 수밖에 없는 오늘의 이러한 상황을 해결할 방법은 정녕 없는 것일까?

결론과 해답부터 얘기하자면 오늘날 지구상에 존재하는 모든 암, 난치병과 괴질의 효과적 해결책이 이미 오래전에 새로운 의학의 형태로 명명백백明明白白하게 의서醫書를 통해 세상에 제시된 바 있다. 지난 1986년 여름 출간된 「신약神藥」을 통해 세상에 알려지기 시작한 인산仁山 김일훈金一勳 선생(1909~1992)의 독창적 신약神藥 묘방妙方, 즉 인산仁山의학이다.

'인산仁山의학'은 동물의 신체를 이용한 약 분자 합성법인 오핵단五核丹을 비롯하여, 오리의 뇌수를 증류하여 특정 약물을 혼합한 뒤 혈청 주사하는 삼보주사법三寶注射法, 동물약제와 한약을 혼용混用하여 해독解毒, 보양補陽, 치료治療의 삼대 효과를 동시에 얻는 독창적인 묘방妙方등을 제시하였다. 특히 약이라고 생각되지 않을 정도의 주위의 흔한 식품을 영약靈藥, 신약神藥, 묘약妙藥으로 만드는 독특한 방식의 의방醫方을 주창主唱함으로써 현대 의료계에 난치병 해결의 획기적인 실마리를 제공하고 있다.

이 책을 집필한 저자는 '인산仁山의학'의 다양한 방약方藥들 중 핵심의 하나인 죽염이 인류의 암, 난치병, 괴질을 물리칠 '참 의료의 묘방妙方'이라는 확신을 갖고, 죽염 제조와 연구에 많은 노력을 해왔고, 배우고 터득한 모든 지식과 역량을 총 결집하여 〈죽염은 과학이다〉라는 제목의 역작力作을 세상에 선보였다.

인산 선생의 책과 기존의 죽염에 대한 저서가 한의학적 관점에서 다루어졌다고 본다면, 이 책은 과학적인 분석과 추론을 통해 죽염의 성질을 현대적인 언어로 있는 그대로 서술하여 많은 사람과 소통하기 위해 노력한 저자의 고민과 의지가 느껴진다.

필자가 10여 년 전 죽염에 대한 성분분석을 논문으로 작성한 적이 있는데, 이렇게 개인이 직접 성분을 분석하고 여러 실험을 수행한다는 것은 결코 쉬운 일이 아니다. 죽염 성분분석에서 저자는 여러 분석 기관에 의뢰해 보다 더 다양한 데이터를 얻음으로써 철저히 과학적 진실에 접근하려고 노력하였고, 죽염에 대한 여러 실험을 직접 수행하면서 실험내용과 현장의 죽염 제조 과정을 촬영하기까지 1인 3역을 담당한 저자의 노고에 심심한 위로와 격려의 말을 전한다.

이 책은 죽염에 대한 연구 내용을 담고 있지만 죽염에 대한 고찰을 통해 소금을 사실적으로 바라보게 해 준다. 과학적 근거 위에서 논리적으로 현대의 소금 유해론有害論을 반박했으므로 누구나 수긍이 가며 쉽게 이해가 된다. 죽염과 소금을 보다 객관적이고 과학적으로 이해하는데 좋은 이정표가 될 것이다.

과학적 연구 성과를 집대성하고 체계화하여 읽는 이로 하여금 막연하게 알고 있던 죽염과 소금의 실상實相을 올바르게 파악할 수 있도록 했다는 점에서 죽염에 대한 저자의 열정과 안목의 차원을 미루어 짐작하게 한다.

바라건대, 많은 노력을 기울여 만든 이 소중한 저술이 좀 더 많은 사람들에게 읽혀서 인류 전체에 만연한 '소금은 해롭다'는 그릇된 소금 인식이 올바른 인식으로 전환되고, 소금문제의 본질이 섭취 분량의 다과多寡에 있는 게 아니라 질質의 양부良否에 있다는 사실과 지혜로운 법제法製처리의 결과로 얻어진 질 좋은 소금은 많은 분량을 섭취해도 인체에 전혀 부작용이나 또 다른 문제를 일으키지 않는다는 명백한 사실이 널리 알려지는 계기가 되었으면 하는 마음이다.

죽염을 창시하여 저서 〈신약神藥〉을 통해 세상에 공개한 선친先親 인산仁山 김일훈金一勳의 뜻을 받들어 1987년 8월 당시, 소금산업의 열악한 환경에도 불구하고 소신껏 죽염산업을 일으킨 장본인으로서 필자는, 이 책을 집필한 저자가 많은 연구와 오랜 땀의 결정체를 엮어서 세상 사람들에게 당당히 선보일 수 있게 되었다는 점에 대해 그동안의 노고를 다시 한 번 치하하며, 무한한 감사의 마음을 담아 미흡하나마 추천의 글로 대신한다.

仁山家 대표, 식품명인
전주대학교 경영대학원 객원 교수 金侖世

21세기 최대의 적敵, 생활 습관병生活習慣病

　신종 인플루엔자로 6개월간 전 세계에서 일만 명이 사망했다는 소식이 온 지구상을 뜨겁게 달군 2009년에 암으로 사망한 사람은 전 세계 약 760만 명이었으며 매일 2만 명이 암으로 사망했다. 국제 암 연구소 IARCInternational Agency for Research on Cancer는 2003년 '제1회 국립암센터 국제 심포지엄'에서 "암 환자 및 암 사망자 수가 앞으로 매년 1%씩 증가할 것이라며, 2030년에는 연간 2,140만 명의 신규 암 환자와 1,320만 명의 암 사망자가 생길 것으로 추정된다"고 발표했다.

　우리나라의 경우, 2007년 사망원인을 살펴보면 1위가 악성 신생물惡性新生物인 암癌이 27.6%를 차지해 2, 3, 4위의 사망률을 모두 더한 것보다 많은 비중을 차지했다. 병원은 갈수록 늘어만 가고 현대 의학은 눈부신 발전을 거듭하고 있다고 하는데 오히려 암환자가 줄기는커녕 암으로 인한 사망자 수는 해마다 급격히 증가하고 있다. 2003년 3월 대한 내과학회는 '성인병'이라는 용어를 생활 습관병生活習慣病으로 바꿨는데 그 이유는 잘못된 생활 습관에 의해 병이 생긴다는 것이다.

암癌, 심혈관 질환心血管疾患, 당뇨糖尿를 3대 생활 습관병이라고 하는데 불과 1세기 전만 해도 희귀병에 해당되었던 질병들이다. 산업화와 더불어 진행된 환경오염이 현대의 난치병을 꾸준히 증가시키고 있다는 데는 전문 학자들 사이에도 특별한 이견異見이 없다.

길피란Gilfillan은 논문 「Lead Poisoning and the Fall of Rome, Journal of Occupational Medicine. 7, 1965」에서 로마제국의 멸망을 재촉한 것은 상수도관과 포도주 항아리에 사용된 납에 의해 귀족들의 정신장애와 불임이 만연했기 때문이라고 언급하고 있다.

오늘날에는 지구 전체에서 납 오염이 진행되고 있고 환경오염으로 인한 수은과 카드뮴이 어패류에 증가하고 있으며, 먹이사슬의 최상위인 인간은 그러한 어패류를 먹음으로써 가장 많은 중금속의 해를 받게 되었다. 우리나라에 유통되고 있는 수산물과 어패류 등의 중금속 오염 또한 매우 우려되는 수준으로 알려지고 있고, 무·상추·고추 등에서도 납이 기준치 이상으로 검출되는 경우도 잦다.

식량 증산增産 정책의 일환으로 사용된 화학비료와 병충해 방지를 위해 살포하는 농약이 각종 채소와 과일, 곡류 등 농산물의 미네랄을 급격히 감소시켰다. 인위적으로 유전자를 변형시킨 옥수수, 다량의 항생제와 성장촉진제 등의 약물이 사료에 포함된다. 이러한 사료로 사육된 육류를 섭취함으로써 항생제와 화학물질을 간접적으로 우리 몸속에 집어넣고 있는 것이다. 게다가 각종 화학 첨가물이 가미된 인스턴트 식품을 과다하게 섭취하게 되었고, 식품 가공 과정에서 양질의 미네랄은 더욱 감소하게 되었다. 각종 화학 첨가물로 만들어진 가공식품, 농약의 과다 사용과 화학비료로 생산된 농산물, 미네랄과 비타민이 매우 부족하고 불균형으로 섭취되는 모든 식품들이 생활 습관병을 가져오는 큰 이유이다. 이렇게 현대의 식품은 오랜 시간 먹으면 먹을수록 암 및 난치 질병을 증가시키게 되어 있는 구조로 되어 있다. 이런 구조에서 어떻게 하면 생활 습관병에 걸리지 않고 건강한 가정을 만들고 행복한 사회를 이룰 수 있을까?

그 해답은 의외로 간단하다.

환경과 식품의 오염으로부터 피해 살아가는 것이다. 하지만 지구 전체가 오염되고 있는 환경에서 정말 안전지대라고 할 만한 곳이 과연 있을까! 일본의 후쿠시마 원전사고가 말해주듯 한 지역의 오염이 온 지구를 오염시킬 수 있다. 이제는 지구촌 가족 누구나 인체의 오염원을 최소화시키고 제거하는 노력을 기울여야 한다. 그리고 환경이 오염된 지금, 우리는 인체에 존재하는 화학물질 및 노폐물을 해독하고 배출하여 신진대사를 원활하게 하는 물질을 절실히 필요로 한다.

미네랄 결핍을 해결할 생명의 소금 - 죽염

미네랄은 세포 구성 성분이며, 각종 효소와 비타민의 활성에 관여하며, 호르몬의 조절에 이르기까지 생명 활동에 매우 광범위하면서도 중요한 역할을 수행한다. 또한 노폐물을 배설하고 해독하는 신진대사 작용이 원활히 수행될 수 있도록 함으로써 다른 어떤 영양소보다 우리 인체의 건강과 질병에 직접적으로 영향을 미치는 요소이다.

화학농법으로 인한 토양오염은 식품의 미네랄 결핍을 심각하게 초래하였고, 이는 곧 현대의 암, 심혈관 질환, 당뇨 등의 생활 습관병을 초래하게 되는 주요한 원인이 되었다.

이 책은 미네랄이 우리 인체에 어떠한 역할을 하는지 알아 보았고, 매우 풍부한 미네랄을 함유한 물질로 소금을 주목했다. 그리고 그 이유와 소금의 특징에 대해 살펴보았다. 또한, 소금을 대나무에 넣고 태운 뒤 고온으로 용융熔融하는 죽염 제조 과정에서 미네랄의 특성이 어떻게 변했는지 실험을 통해 살펴보고, 죽염에 대한 여러 논문을 통해 죽염의 효능과 특징을 고찰하였다.

이 책은 과학적 실험을 바탕으로 하였고, 죽염에 나타날 수 있는 여러 가지 반응 및 현상을 과학적 지식에 기초하여 추론하려고 노력하였다.

죽염을 처음 만든 인산仁山 김일훈金一勳 선생은 그의 저서 「우주宇宙와 신약神藥」에서 '소금과 대나무는 천상天上의 기운과 땅의 수정水精이 합해져 화생化生한 물질이다'고 설명하였고, 죽염은 종창腫脹, 당뇨병, 소화불량, 보양강장補陽强壯, 비위장脾胃腸병, 해수咳嗽, 천식喘息 및 모든 암병癌病에 신약神藥임을 천명闡明하였다.

선생의 저서 「宇宙와 神藥」 「神藥」 「神藥本草」 등은 우주의 기원에서 생물체의 탄생에 이르기까지의 광대무변廣大無邊한 우주의 현상을 매우 상세하게 다루고 있다. 뿐만 아니라 선생의 책에는 기존의 의서에서 찾아볼 수 없는 창의적創意的 의론醫論과 독창적獨創的 처방處方이 수록되어 있다.

필자는 인산 선생의 여러 저서를 참고해서 죽염에 대한 이론을 익혔으나 선생의 원론原論을 모두 이해하지는 못하였다. 따라서 이 책은 필자가 이해하고 경험한 내용을 바탕으로 죽염에 대한 기본적인 내용을 적었을 뿐, 죽염을 만드는 원리와 그 약리적 효능에 대해서 백분의 일도 밝히지 못했음을 미리 밝혀둔다.

다만, 죽염에 대해 보다 좋고, 바람직한 의견이 개진되기를 바라는 마음으로 죽염을 굽는 데 필요한 원료에 대한 생각과 굽는 방식 등에 관해서는 필자의 경험과 실험결과를 바탕으로 개인적인 의견을 덧붙였다.

이 책을 통해 죽염에 대한 가장 기본적인 특성을 파악하고 이해하길 바라며, 학계는 새로운 시각으로 죽염을 살펴보고 연구하는 계기가 되었으면 하는 것이 필자의 작은 소망이다.

보다 큰 소망이 있다면, 독자들이 이 책을 다 읽은 후 '싱겁게 먹는 것이 좋다'는 사회적 병리현상病理現象을 과감히 버리고, '질 좋은 소금으로 짭짤하게 먹는 식습관이 좋다'는 생각을 가졌으면 하는 바람이다. 그래서 이러한 생각들이 사회 전체의 공감대로 형성되고, 인류의 한 패러다임이 되는 그날이 하루라도 빨리 왔으면 좋겠다.

「竹鹽이란,

竹木과 胡鹽은 地上水精이 天上璧星精과 角星精을 應하여 化生한 物體이다. 竹木은 水精이니 十一月之氣라. 水中 凝固者 曰鹽이니 水精이요 鹽中之鹵 曰鹽性이오, 鹵中에 萬種 鑛石物之性 曰保金石이오, 保金石中에 有砒性하니 곧 水中之核이니라.

核은 人間에게 用量이 太過則 殺人物이오 適當則 活人物이니 卽 萬病通治藥이니라. 竹木은 璧星精이며 角星精이니 璧星精은 萬星中 水氣相通하고 地上水精相應하여 水中之核이 化成하고 角星精은 萬星中 木氣相通하고 地上木精 相應하여 木中之火星인 硫黃精을 이룬다. 竹木은 硫黃精을 多量含有故로 腫瘡에 神藥이요 水精之核이라. 故로 上消燥渴症之神藥이오 角星精에 有火星하니 苦酸은 健胃健脾之藥이며 消滯消化不良之藥이오 中消虛氣症之仙藥이며 胃癌 脾癌藥이니라.

脾胃氣旺則 土生金하고 金生水하니 水精之核故로 腎虛精不足에 良藥이며 補陽强壯劑라. 故로 糖尿下消에 神藥이니라.

故로 絶陽者도 久服則 回陽하고 虛弱者는 健康回復하고 虛老者는 反老還少하고 虛陽者는 補虛强陽하니 全無한 神藥이니라.

土生金故로 肺癌·氣管支癌·肺線癌藥이오, 水精之核이니 腎膀胱癌藥이며 腎臟炎과 膀胱炎藥이며 解毒에 王者라. 故로 毒感·熱病에 神藥이며 咳嗽喘息에 良藥이니라.」

宇宙와 神藥, 金一勳 著, p142~144

Part 1
미네랄

인체 내 모든 생체반응의 기본 물질인
효소를 생성시키고 활성화하는데
미네랄은 필수적으로 쓰인다.

현대인은
미네랄이 절대적으로 부족한 음식을
섭취하게 되었다

탄소, 산소, 질소, 수소를 제외한 원소를 미네랄이라고 하는데, 4가지 주요원소와 미네랄의 화학반응이 없었다면 생명체는 탄생하지 않았을 것이다. 탄수화물, 지방, 단백질이 만들어지기 훨씬 전부터 미네랄은 존재했으며 이들 3대 영양소 또한 미네랄과 주요 원소가 합성해 만들어진 결과물일 뿐이다.

미국의 경우, 국민의 99% 이상이 충분한 미네랄을 섭취하지 못한다고 보고되고 있는 실정이다. 또한 캐나다의 마이크로 뉴트리언트사와 유니세프Unicef, 유엔아동기금가 80개 개발도상국을 대상으로 조사한 「미네랄과 비타민 결핍에 대한 세계 경과보고서」에 따르면 전 세계 인구의 1/3인 20억 명이 미네랄과 비타민 결핍으로 인해 정신적, 신체적 발육부진을 초래하고 있으며, 특히 미네랄 결핍으로 개발도상국 국민의 지능지수 IQ가 최고 15% 하락한 것으로 조사되었다고 발표하였다.

근대농업이 화학비료에 의존하면서 토양에는 질소, 인, 칼륨만 계속 투입되고 있는 탓에 그 밖의 미네랄은 점점 감소하고 있다. 식물이 미네랄을 비롯해 토양 속의 영양소를 흡수하려면 미생물微生物의 도움이 필요하다. 화학비료의 과다 사용 및 농약의 대량 살포, 심각한 대기오염으로 인한 산성비 등으로 미생물이 살기 힘든 토양으로 변해 식물이 토양에서 영양소를 제대로 흡수하기가 힘들어졌다. 그 결과, 음식물 재료인 곡물과 채소에 미네랄이 결핍缺乏되는 사태가 발생하고 있다.

1912년 노벨의학상을 수상한 알렉시스 박사Dr. Alexis Carrel은 토양은 모든 생명체의 근원이며, 인간의 건강한 삶은 토양의 비옥도, 즉 토양 속 미네랄의 함량에 달려 있다고 주장했다. 미네랄이 동식물은 물론 인간의 모든 세포의 신진대사 과정을 조절하기 때문이다.

1992년 미국의 연구기관에서 조사한 바에 따르면 1914년에는 사과 한 개가 인체에 필요한 1일 철분 양의 50%를 제공했으나, 1992년에는 동일한 양의 철분을 공급받기 위해서는 사과 26개가 필요한 것으로 조사되었다.

일본의 과학기술청에서 조사한 연구보고서에서는 1993년에 수확된 시금치는 1952년에 생산된 시금치의 철분 함량보다 무려 19배 부족하다고 보고했다. 세계 모든 국가의 토양에서 미네랄이 심각하게 감소했다는 것을 알 수 있다.

더욱이 많은 사람들이 즐겨 먹는 인스턴트식품과 가공식품은 가공 과정에서 또 많은 미네랄이 깎여 나가고 있다. 뿐만 아니라 현대인이 주로 섭취하는 가공식품 속에 있는 화학물질의 해독을 위해서는 효소가 필요하며, 각종 해독 효소를 만들기 위해 뼈에 있는 미네랄을 뽑아 사용함으로써 인체의 미네랄 결핍을 더욱 가중加重시키는 결과를 초래하고 있다.

분자교정의학 分子矯正醫學

라이너스 폴링Linus Carl Pauling[1]이라는 과학자는 30여 년 전에 분자교정의학分子矯正醫學이라는 새로운 의학을 창시했다. 분자교정의학이란 사람이 병들게 되는 것은 체내의 생명을 유지시켜주는 분자分子들의 농도가 적정치 않다는 것을 원인으로 보고 이를 바로잡아 주기만 하면 병은 저절로 낫는다고 하는 이론이다.

세포 안에서의 영양물질은 분자 수준으로 존재한다. 거대분자는 소화에 의해 소단위 분자로 분해되는데, 탄수화물은 포도당으로, 지방은 지방산으로, 단백질은 아미노산으로 분해되어 한 분자分子의 물질로 존재한다. 유전 물질인 염색체나 DNA, 그리고 세포의 소기관을 이루는 모든 것들이 분자로 존재한다. 우리가 살아서 숨 쉬고 있는 것은 세포 내에서 이루어지는 분자들의 활동 때문에 살아 있다는 말과 같다.

세포 스스로 분자들의 적정한 농도를 조절하고 있지만, 영양분을 균형 있게 섭취하지 못하게 되면 영양물질의 평형상태가 깨지게 되는데, 이렇게 되었을 때 세포는 병들게 되거나 생명력을 잃게 된다. 그러므로 세포 안은 모자라지도, 넘치지도 않은 적정한 농도의 분자 수준을 항상 유지해야 한다.

---

1   라이너스 폴링Linus Carl Pauling, 1901~1994, 미국 : 100년이 넘는 노벨상의 역사 속에서 노벨 화학상과 평화상을 수상, 두 번의 노벨상을 단독 수상한 유일한 인물.
미국에서는 반핵 반전운동과 비타민C 열풍의 주인공으로도 유명하지만, 20세기 분자생물학 분야의 획기적 업적으로 '현대 화학의 아버지'로 부르기도 하며, 〈역사상 가장 중요한 과학자 20인〉에 뉴턴, 아인슈타인과 함께 선정되기도 함

미네랄을 적정하게 보충하여
세포의 분자구조를 바르게 한다

　우리의 인체는 대략 60조 개의 세포로 기본 생명 단위를 이루고 있다. 이들 세포 하나하나는 독립된 생명 유지 활동을 하면서 다른 세포들과 유기적으로 결합하고 있다. 이들 세포가 정상적인 생명 활동을 하기 위해서는 적정한 농도의 영양물질이 필요하다. 따라서 우리는 영양소를 골고루 섭취해야 한다. 탄수화물과 지방, 단백질의 3대 영양소 그리고 비타민과 미네랄을 부족하지 않게 섭취할 수 있다면 세포 안의 적정 농도의 분자 수준을 유지할 수가 있다.

　그러나 요즘 우리가 먹는 음식물에는 미네랄이 대부분 결핍되어 있어 세포 내에서의 적정한 농도의 분자 수준을 유지하기가 어려워졌다. 영양분을 골고루 섭취했는데도 공기의 오염, 약물이나 화학 물질로 오염된 식품의 장기간 섭취, 과도한 스트레스 등이 미네랄을 빨리 소모시켜 적정한 농도의 분자균형을 깨서 질병이 발생하고 있다.

　병원의 검진결과에서는 아무 이상이 없지만, 소화가 되지 않고, 만성적인 피로 증상이 있고, 밤에는 깊은 잠을 자지 못하는 환자, 분명히 몸에는 불편한 증상이 있지만 뚜렷한 질병이 발견되지 않는 경우가 바로 세포의 생명력이 떨어져 있는 상태이다. 이런 경우 비타민이나 미네랄을 적정하게 보충하여 세포의 분자구조를 바르게 함으로써 이러한 증상을 호전시키거나 치료할 수 있다.

　분자교정의학의 측면에서 비타민과 미네랄, 이 두 가지는 매우 필수적이면서도 기초적인 물질이지만 비타민 또한 미네랄이 없으면 활성화가 어렵다. 따라서 분자교정의학의 가장 기초적인 물질이 바로 미네랄이라고 해도 과언이 아니다.

미네랄은 우리 인체의 생명을 유지하는 매우 중요한 물질로서 단백질과 지방, 탄수화물보다 그 양이 미량이지만 조금만 부족해도 이상을 초래할 수 있다.

● 미네랄이란?

미네랄은 인체 구성요소이면서 여러 생리 기능을 조절하는 영양소이다. 인체 구성에 있어 3.5~4%밖에 차지하지 않지만 광범위한 생명현상에 엄청난 영향력을 미친다.

인체나 식품에 함유된 산소O, 탄소C, 질소N, 수소H의 네 종류를 주요원소라고 하며 이 주요 원소를 뺀 나머지 원소가 미네랄이다. 미네랄 중 90%는 하루 필요량이 100mg 이상인 주요主要 미네랄이며, 나트륨Na, 염소Cl, 칼슘Ca, 마그네슘Mg, 칼륨K, 인P, 황S의 일곱 가지가 여기에 해당한다. 나머지 10%는 하루 필요량이 100mg 미만으로 미량微量 미네랄이라고 부른다. 철Fe, 구리Cu, 아연Zn, 망간Mn, 게르마늄Ge, 요오드I, 규소Si, 셀레늄Se, 코발트Co, 크롬Cr, 불소F, 몰리브덴Mo, 바나듐V, 붕소B 백금pt 등이며, 이 미량 미네랄은 비록 그 양이 적기는 하지만 효소 활성 작용은 물론 생명 활동에 꼭 필요한 영양소이다.

미네랄의 **역할**

가. 체내 조직의 구성원

뼈는 칼슘Ca과 인P, 마그네슘Mg으로 구성되어 있으며, 뼈에 가장 많이 함유된 미네랄은 칼슘Ca으로 체내 칼슘의 약 95%가 뼈에 존재한다. 또한, 체내 인P의 약 85%, 마그네슘Mg의 약 60%도 뼈에 있다. 또한, 칼슘Ca과 인P은 치아를 구성하는 데 중요한 미네랄이다. 이러한 미네랄에 따라 뼈의 강도와 밀도에 영향을 주는 것은 당연한 일이다.

헤모글로빈의 구조를 이루는 데는 철Fe이 필요하며, 아연Zn, 구리Cu, 망간Mn 등은 연결조직의 형성에 필수적이다.

나. 효소酵素, enzyme를 활성화한다

세포는 커다란 화학 공장에 비유할 수 있다. 인체의 세포는 활동에 필요한 에너지를 획득하기 위해 끊임없이 화학반응을 일으킨다. 화학반응을 하려면 촉매제가 필요한데, 그 역할을 하는 것이 효소다. 인체는 효소의 작용 덕분에 생명이 유지된다고 해도 과언이 아니다. 효소는 세포 내에서 합성되는데, 대부분 단백질로 되어 있고 비타민과 미네랄이 함께 결합하여 있다.

유해물질이 세포에 도달하면 활성산소가 발생하여 세포막의 불포화지방산이 산화되므로 세포 내의 유전자가 발암성 물질로 쉽게 전환되는 상황이 만들어진다. 이런 경우 인체는 SODSuperoxide Dismutase[2]효소를 만들어 대응한다.

미국 국립 노화연구소는 수명이 다른 10종의 포유류를 대상으로
SOD의 활성을 조사했다. 그 결과 SOD 활성이 큰 동물일수록 장수
한다는 결과를 확인했으며, 특히 인간의 SOD 활성은 다른 동물보다
훨씬 크다는 것을 알아냈다.

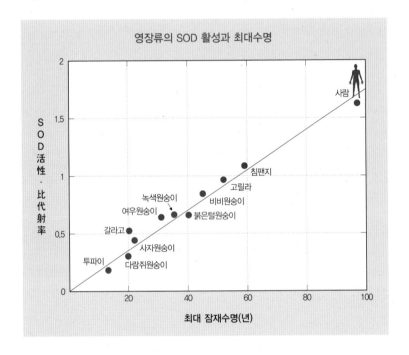

아연Zn, 구리Cu, 망간Mn 등의 미네랄로 이루어진 SOD 효소는 활
성산소를 제거하여 세포막의 변성을 방지한다. 이렇게 생물은 신
진대사 과정에서 산소를 받아들임과 동시에 활성산소를 제거하는

---

2 SODSuperoxide Dismutase 효소는 사람과 동물의 장기와 혈액 중에 있는 생리 활성화 효
소로 유해 산소를 제거하는 효능이 있는 효소이다. SOD 효소는 아연, 망간, 구리, 철,
니켈 등을 보조인자로 가진 단백질로 이러한 미네랄이 있어야 활성화된다.

SOD 효소를 만들어 자신을 지켜왔다.

미네랄은 인체 내에서 발생하는 활성산소를 줄여주고 음식물과
호흡을 통해 들어오는 독소를 해독하는 효소를 활성화한다. 따라
서 우리 몸에 미네랄이 부족하게 되면 각종 독성물질에 대한 해독
력이 떨어짐으로써 각종 암, 고혈압, 당뇨병 등을 유발하게 될 가능
성이 크다.

인체 내 모든 생체반응의 기본 물질인 효소를 생성시키고 활성화
하는데 미네랄은 필수적으로 쓰인다.

다. 체액의 산·염기 평형을 유지하는 물질이다.

우리 몸의 체액은 약알칼리성인 pH 7.4 정도를 유지해야 하며, 인
체는 자동으로 산·염기 평형을 이루게 되어 있지만, 현대의 식품은
대부분 산酸 생성 식품Acid-forming food이 많은 편이다. 산 생성식품
을 많이 섭취하게 되면 우리 인체는 산(점)염기 평형을 이루는 데 많
은 에너지를 사용하게 되며, 이 현상이 자주 일어나면 신진대사 및 면
역력 저하에 영향을 끼치게 된다. 소금에 많이 함유된 미네랄인 칼슘
Ca, 나트륨Na, 마그네슘Mg, 칼륨K, 철Fe, 구리Cu, 망간Mn, 코발트Co,
아연Zn 등은 알칼리 생성 식품alkali-forming food에 해당하여 인체의
산, 염기 평형을 쉽게 유지하도록 돕는 역할을 한다.

라. 비타민을 활성화한다

비타민의 필요성에 대해서는 널리 알려져 있지만, 사실 비타민도
미네랄이 없으면 효력을 발휘할 수 없다. 비타민이 미네랄과 공동으
로 일해 효소를 만늘거나 활성화하기 때문이다.

마. 호르몬Hormone을 만드는 재료이다

호르몬은 비타민이나 미네랄과 달리 음식에서 섭취하지 않아도 체내에서 합성할 수 있다. 하지만, 호르몬은 효소와 마찬가지로 세포에서 단백질이나 지방을 재료로 비타민과 미네랄을 이용해 만들어진다. 따라서 현대 사회에 호르몬과 관련된 질병이 증가하는 것도 미네랄이 부족한 음식의 섭취와 무관하지 않다.

●
자연 속에서
미네랄의 균형을 갖춘 물질이 필요하다

라이너스 폴링Linus C. Pauling 박사는 '인체는 72종류의 미네랄을 필요로 한다'고 지적하고 있다. 하지만, 미네랄을 골고루 섭취하는 것이 결코 쉬운 일이 아니다. 미네랄은 서로 각각의 기능을 억제하는 길항작용拮抗作用과 기능을 돕는 상호 보완작용을 동시에 하면서 인체의 건강을 유지한다. A라는 미네랄을 많이 섭취하면 B라는 미네랄은 흡수 또는 작용이 저해된다. 따라서 미네랄이 부족하다고 해서 아무렇게나 보충만 하면 되는 것이 아니다. 한 가지의 미네랄이 과잉되면 다른 미네랄의 흡수를 방해하기 때문이다.

예를 들어 칼슘Ca이 부족하다고 해서 일시적으로 다량의 칼슘Ca을 섭취하면 마그네슘Mg과의 균형이 깨지고 만다. 칼슘Ca과 마그네슘Mg이 약 2:1의 비율로 섭취할 때 마그네슘Mg이 칼슘Ca의 흡수를 촉진시켜 신진대사를 효과적으로 일으킨다.

골다공증을 염려해 칼슘 섭취량을 늘리면 칼슘이 마그네슘의 흡수를 방해하기 때문에 마그네슘이 부족하게 되어 골다공증을 악화시킬 수 있다. 세포 내에 나트륨Na이 증가하고 칼륨K이 줄어들면 세포가 부어올라 신경을 흥분시키거나 혈압을 상승시킬 수 있다. 이렇게 세포 내에 지나치게 증가한 나트륨Na을 세포 밖으로 보내 정상상태로 되돌아가게 하는 것이 칼륨K과 칼슘Ca이다. 아연을 많이 섭취하면 셀레늄의 흡수를 방해해 셀레늄 결핍을 초래하고 암의 원인이 될 수 있다. 따라서 아연과 셀레늄은 서로 경쟁 관계에 있다.

즉, 특정 미네랄을 많이 섭취하면 다른 미네랄이 결핍되는 경우가 발생할 수 있다. 이에 따라 미네랄은 상호 균형을 유지하는 것이 무엇보다 중요하며, 비율을 고려해 복합적이고 종합적으로 섭취해야 한다. 이 비율을 인공적으로 조절하는 것은 매우 어렵다. 자연 속에서 미네랄의 균형을 갖춘 물질을 찾는 것이 바람직하다고 할 수 있다. 그렇다면 자연에서 인체에 존재하는 것과 같이 다양한 미네랄을 가지고 있으면서도 인체의 미네랄 구성 비율과 흡사하게 조성된 물질은 무엇일까?

미 상원 제 2회기 74차 의회기간 중 원문 초록抄錄

우리 신체의 건강은 칼로리나 비타민 또는 우리 몸이 소비하는 녹말, 단백질, 탄수화물의 정확한 비율보다도 신체 기관들로 흡수되는 미네랄에 더 직접적으로 좌우된다.

오늘날 대부분의 토지에는 미네랄이 고갈되어, 그 땅에서 자라나는 식품들도 미네랄이 부족한 채 생산되어진다. 따라서 우리들 대부분은 그 생산물이 적정한 미네랄의 균형을 갖추기 전까지 영양물의 결핍으로 고통 받게 될 것이다.

놀라운 사실은 수백만 에이커의 땅에서 수확되는 음식물과 과일, 채소, 곡물에는 이제 더 이상 필요한 양의 미네랄이 포함되지 않아 많은 음식을 먹더라도 인간을 굶주리게 한다는 것이다.

오늘날에는 어떠한 사람도 과일과 채소를 섭취하여 자신의 신체기관의 건강을 유지할 만큼 필요한 미네랄을 공급하지 못한다. 우리들의 위장이 그 정도의 미네랄을 공급할 과일과 채소를 섭취하기에는 크지 않기 때문이다.

사실, 식품은 매우 다양한 가치를 지니고 있지만 먹을 가치가 없는 식품들도 있다. 우리 신체의 건강은 칼로리나 비타민 또는 우리 몸이 소비하는 녹말, 단백질, 탄수화물의 정확한 비율보다도 신체 기관들로 흡수되는 미네랄에 더 직접적으로 좌우된다.

이 미네랄에 관한 이야기는 아주 새롭고 대단히 놀랍다. 사실, 식품에 함유된 미네랄의 중요성에 관한 인식은 매우 새로워서 현재 영양학 관련서적에서도 거의 다루지 않고 있다. 그럼에도 불구하고, 미네랄의 문제는 우리 모두에게 관련된 것이고, 깊이 연구할수록 더욱 놀라운 일이 일어난다는 것이다.

아마도 여러분은 "당근이면 당근이지, 뭐 다른 게 있어?" 이렇게 당신은 하나의 당근에 포함된 영양물을 다른 당근들과 마찬가지일 것이라고 생각했을 것이다. 그러나 그렇지 않다. 어느 한 당근은 다른 당근과 비교해서 모양과 맛은 같을 수 있지만, 우리 신체가 필요로 하는 특정 미네랄 성분이 다른 당근에는 부족할 수도 있는 것이다.

연구소의 실험에 의하면 요즈음의 과일, 채소, 곡물, 달걀, 심지어 우유와 고기들까지 그 이전 세대와 같지 않다는 것이 밝혀졌다.

아까도 설명 했듯이 오늘날에는 어떠한 사람도 과일과 채소를 섭취하여 자신의 신체기관의 건강에 충분히 필요한 만큼의 미네랄 성분mineral salts을 공급하지 못한다. 왜냐하면 우리들의 위장이 그 정도의 미네랄을 공급할 과일과 채소를 섭취하기에는 크지 않기 때문이다. "그래서 우리는 큰 위장big stomach으로 바꾸어야 할 지경이다."

균형 잡힌 완전한 영양식단이란 이제 더 이상 단지 열량이 많다거나 비타민이 충분하다거나 녹말, 단백질, 탄수화물이 일정 비율로 구성되어 있다는 것을 가리키는 것이 아니다. 우리의 식품에는 이십 여종의 미네랄 성분mineral salts과 같은 것이 포함되어야 한다는 것이다.

애석하게도 관계당국에 따르면 미국 사람들의 99%가 이러한 미네랄이 부족한 상태이고, 중요한 미네랄 중 어느 하나라도 현저히 부족하게 되면 실제로 병을 가져온다는 것이다. 극히 미량이라도 그것이 인체에 꼭 필요한 미네랄 성분이라면, 균형이 깨지거나 상당량 결핍된다면 우리를 병들게 하고, 고통을 주며 생명을 단축시킨다.

비타민은 영양물에 있어 필요 불가결한 복잡한 화학 물질이며, 신체의 일부 중 특별한 조직이 정상적인 기능을 하기 위해서는 각각의 비타민이 매우 중요하다는 것을 알고 있다. 비타민의 결핍은 신체의 장애와 질병을 일으키기도 한다.

그러나 비타민이 신체의 미네랄 비율을 조절한다는 것과 미네랄의 결핍상태에서는 비타민도 제 기능을 하지 못한다는 것은 일반적으로 잘 모르고 있다.

비타민이 부족 할 때 신체는 미네랄을 사용할 수 있지만, 미네랄이 부족하게 되면 비타민은 쓸모없게 된다.

이 발견은 인간의 건강 문제에 관한 과학 분야에서 가장 새롭고 대단히 중요한 공헌 중의 하나이다.

Document of American Senate, No.264, 1936

These are Verbatim Unabridged extracts from
the 74th Congress 2nd Session:

"Our physical well-being is more directly dependent upon the minerals we take into our systems than upon calories of vitamins or upon the precise proportions of starch, protein of carbohydrates we consume."

"Do you know that most of us today are suffering from certain dangerous diet deficiencies which cannot be remedied until depleted soils from which our food comes are brought into proper mineral balance?"

"The alarming fact is that foods (fruits, vegetables and grains) now being raised on millions of acres of land that no longer contain enough of certain minerals are starving us - no matter how much of them we eat. No man of today can eat enough fruits and vegetables to supply his system with the minerals he requires for perfect health because his stomach isn't big enough to hold them."

"The truth is that our foods vary enormously in value, and some of them aren't worth eating as food. Our physical well-being is more directly dependent upon the minerals we take into our systems than upon calories or vitamins or upon the precise proportions of starch, protein or carbohydrates we consume."

"This talk about minerals is novel and quite startling. In fact, a realization of the importance of minerals in food is so new that the text books on nutritional dietetics contain very little about it. Nevertheless, it is something that concerns all of us, and the further we delve into it the more startling it becomes."

"You'd think, wouldn't you, that a carrot is a carrot - that one is about as good as another as far as nourishment is concerned? But it isn't; one carrot may look and taste like another and yet be lacking in the particular mineral element which our system requires and which carrots are supposed to contain."

"Laboratory test prove that the fruits, the vegetables, the grains, the eggs, and even the milk and the meats of today are not what they were a few generations ago."

"No man today can eat enough fruits and vegetables to supply his stomach with the mineral salts he requires for perfect health, because his stomach isn't big enough to hold them! And we are turning into big stomachs."

"No longer does a balanced and fully nourishing diet consist merely of so many calories or certain vitamins or fixed proportion of starches, proteins and carbohydrates. We know that our diets must contain in addition something like a score of mineral salts."

"It is bad news to learn from our leading authorities that 99% of the American people are deficient in these minerals, and that a marked deficiency in any one of the more important minerals actually results in disease. Any upset of the balance, any considerable lack or one or another element, however microscopic the body requirement may be, and we sicken, suffer, shorten our lives."

"We know that vitamins are complex chemical substances which are indispensable to nutrition, and that each of them is of importance for normal function of some special structure in the body. Disorder and disease result from any vitamin deficiency. It is not commonly realized, however, that vitamins control the body's appropriation of minerals, and in the absence of minerals they have no function to perform.

Lacking vitamins, the system can make some use of minerals, but lacking minerals, vitamins are useless."

"This discovery is one of the latest and most important contributions of science to the problem of human health."

Part 2
소 금

소금으로
인체의 미네랄 부족을 보충한다.

미네랄의 보고 - **서해안 천일염**

특정 미네랄을 많이 섭취하면, 다른 미네랄이 결핍되는 경우 인체에 해가 될 수도 있다. 따라서 미네랄은 무엇보다 균형이 중요한데, 현대 과학은 인체에 가장 알맞은 미네랄 조성 비율을 정확히 모르는 까닭에 인체에 필요한 미네랄을 과학적으로 합성하지 못한다. 다만, 인체의 체액과 가장 비슷한 미네랄 조성을 가진 자연 속의 식품이 가장 좋을 것으로 생각한다.

인체의 혈액, 림프액, 조직액 등의 체액에 녹아 있는 주 원소는 바닷물과 똑같이 나트륨과 염소이다. 나아가 칼륨과 칼슘, 마그네슘 등이 녹아 있으며, 이들 원소는 바닷물에 많이 함유된 성분이다. 인체의 체액에 녹아 있는 성분과 바닷물의 원소를 비교해 보면 농도는 달라도 원소의 종류는 매우 비슷하다.

왜 인체의 체액과 바닷물의 성분이 비슷할까?

지구에서 가장 먼저 탄생한 생명은 바닷물 속의 작은 단세포 생물이며, 단세포 생물이 바닷물 속을 떠도는 것처럼 사람의 세포 하나하나도 체액이라는 소금물 속에 둥둥 떠 있는 것과 매우 유사하다. 현재까지 바다에서 확인된 성분은 원소 83종이다. 바닷물 대부분을 물이 차지하고 있는데 수소와 산소를 포함하면 85종이 되고 주기율표상 대부분의 원소를 포함하고 있다. 생명의 근원인 바다가 인간이 지니고 있는 대부분의 원소를 포함하고 있는 것은 매우 당연한 것으로 보인다. 지구의 모든 원소를 포함하고 있는 바다, 그 바다에서 생산된 미네랄이 풍부한 소금은 현대의 미네랄 부족을 해소할 중요한 물질로 떠 오르고 있다.

　세계적으로 미네랄이 가장 풍부한 소금은 우리나라 서해안에서 생산되는 천일염이다. 우리나라 서해안 갯벌은 유럽 북해 연안, 미국 동남부 연안과 더불어 세계 5대 갯벌 중의 하나로 꼽히는 중요한 자원으로 그 가치를 인정받고 있다. 보하이만渤海灣, Bohai Bay과 황해黃海 그리고 한반도에서 흘러드는 황토와 광물질의 영향으로 우리나라 서해안 천일염에는 다양한 미네랄이 풍부하게 포함되어 있다. 미네랄 함량이 비교적 높다고 알려진 프랑스의 게랑드 소금보다 마그네슘은 2.5배, 칼륨은 3.6배, 칼슘은 1.5배 정도 함유량이 높은 것으로 알려지고 있다.

●
소금의 **효용**效用

소금은 신진대사를 촉진한다

　세포 속에 영양분을 공급하고 노폐물은 걸러서 처리하는 일련의 신진대사 기능은 소금 속에 있는 원소를 이용한 효소들의 도움이 절대적으로 필요하다. 신진대사가 원활하게 이루어지지 못할 때 면역력은 저하되고 여러 가지 질병에 걸리게 된다. 질 좋은 소금을 잘 섭취하면 세포의 활동을 도와서 주근깨, 기미, 여드름 치료에 효과를 볼 수 있다. 즉, 소금은 노폐물을 배설하고 신선한 영양물을 공급하는 신진대사를 촉진함으로써 파괴된 세포를 회복시켜 주는 역할을 한다.

소금은 소화를 돕는다

소금의 주성분 중의 하나인 염소Cl는 위액의 성분인 위염산hydro-
chloric acid, HCl의 재료가 된다. 위염산은 pH 1~3의 강산성으로 음
식을 잘게 부수고 소화시키는 중요한 역할을 한다.

소금은 세균과 바이러스를 억제해서 각종 질병을 예방한다

소금은 음식물을 통해 들어오는 세균과 바이러스를 살균하고 없앤
다. 채소나 음식에 적당하게 소금을 뿌림으로써 세균을 억제하고, 음
식에 든 소금은 위염산을 만드는 원료가 되고, 위염산은 강력한 살균
작용 및 음식물의 소화작용을 촉진한다.

1883년에 독일의 세균학자 코흐Robert Koch가 콜레라의 원인균
을 발견하였고, '콜레라는 콜레라균에 의해 발생하는 전염병'이라
는 주장을 했다. 이 주장에 반대한 독일의 페텐코퍼Max Josef von
Pettenkoffer는 콜레라가 병원성 세균에 의해 발생하는 것이 아니라
는 자신의 주장을 증명하기 위해 콜레라균이 잔뜩 들어 있는 용액을
직접 들이켰지만 콜레라는 발생하지 않았다. 위액의 강한 산성酸性에
의해 콜레라균이 몰살당했기 때문이다.

소금은 미네랄 공급원이다

우리는 촉감, 소리, 빛 등의 자극에 반응하는 신경세포가 존재해서
여러 가지를 보고 듣고 만지고 반응할 수 있다. 이 신경세포를 뉴런
Neuron이라고 하는데 뉴런을 반응시키는 작용 원리는 몇 가지 화학
물질의 이동을 통해 이루어진다.

전류電流는 전자電子의 흐름에 의해 발생하지만, 세포막을 가로지

를 때는 전자가 아니라 전하電荷를 띤 이온의 이동에 의해서 이루어진다. 세포막을 여러 이온이 이동하면서 신경자극 전달, 근육수축과 심장기능의 정상적인 작동, 영양분의 흡수 등 우리 몸의 다양한 생명활동이 이루어진다. 대표적으로 전하를 띤 이온은 나트륨 이온Na^+, 염소 이온Cl^-, 칼륨 이온K^+, 칼슘 이온Ca^{2+}인데 이 이온들은 소금에 가장 많은 원소들이다.

생물에 따라 필요한 양은 다르지만 주요 미네랄 이외에 철, 요오드, 아연, 구리, 셀레늄, 망간, 크롬, 몰리브덴, 코발트 등 소금 속에 든 수십 종의 미네랄이 생명 활동을 위해 꼭 필요하다.

소금은 체액의 전해질 균형을 이루게 한다

우리 몸은 체액이 약 60~70%이다. 세포는 0.9% 농도의 소금물 즉 세포외액extracellular fluid에 둥둥 떠 있는 것과 같다고 볼 수 있다. 세포 내에도 수분이 있는데 이것을 세포내액intracellular fluid이라고 한다. 세포외액의 주요 양이온은 나트륨 이온Na^+, 음이온은 염소 이온Cl^-이고, 세포내액에서는 칼륨 이온K^+이 주요 양이온 그리고 인산 이온PO_4^{3-}이 주요 음이온이 된다. 인체에서 이들 전해질은 세포외액과 내액에서 일정하게 유지되면서 신경 신호 전달과 영양분의 흡수가 이루어지며 다양한 생명 활동이 가능하다.

생리식염수生理食鹽水인 링거액saline solution은 0.9% 염화나트륨 $NaCl$ 용액이 주성분으로 체액의 농도와 같게 만든 등장액等張液이다. 병원 응급실에 가면 링거액을 맞는데 질병에 대한 저항력을 높이고 회복을 빠르게 하기 위해서이다. 그만큼 인체에서 전해질 농도를 유지하는 것은 생명 활동에 매우 중요한 일이며, 이 전해질의 대부분이 소금으로 이루어져 있다.

소금은 해독解毒 작용을 한다

남아메리카 아마존 강변에 살고 있는 토인은 소금을 독창살의 독을 없애기 위한 일종의 구급약품으로서 쓰고 있다. 부자附子와 같은 독성을 가진 약초의 처방에 소금을 써서 해독하고 있다. 벌이나 지네에 물렸을 때도 소금물을 환부에 발라주면 통증도 가라앉고 부은 것도 내린다.

소금은 효소의 활성화로 인체의 해독을 돕는데 이러한 해독작용은 소금에 있는 미네랄의 화학적 작용에 의한 것이다. 따라서 미네랄이 없는 소금은 해독작용이 없다고 볼 수 있다.

●
소금이란?

생명 활동을 가능하게 하는 것이 소금이다

나트륨을 자체 생산하지 못하는 신체는 나트륨이 없으면 영양분이나 산소를 운반할 수 없고, 신경 자극을 전송할 수 없으며, 심장을 포함하여 근육을 움직일 수 없다. 염소가 부족하다면 위액이 제대로 생성되지 않아 음식물 중에 지방을 소화하기 매우 어려워진다.

또한, 각종 효소를 활성화하기 위해서는 망간과 아연, 마그네슘이 필요하며, 나트륨의 균형을 유지하기 위해 칼륨이 절대적으로 필요하다. 그리고 구리가 없다면 혈액의 생성조차 불가능하며, 칼슘이 부족하면 신경전달에 이상이 생길 수 있다.

소금에 들어있는 미네랄은 인체의 생명이며 각종 신진대사에 절대적으로 필요한 물질이다. 소금 속의 각종 미네랄이 적절한 화학반응을 일으키지 못해 인체의 신진대사가 원활히 이루어지지 않는다면 생명을 유지한다는 것은 불가능하다. 즉, 생명 활동을 가능하도록 해주는 물질이 바로 소금이며, 우리는 단 며칠이라도 소금을 먹지 않는다면 생명에 심각한 위협을 받을 수 있다.

소금은 염화나트륨이 아니다

염화나트륨NaCl은 나트륨과 염소가 결합한 염화물鹽化物이지만, 소금은 염화물 이외에 칼륨, 칼슘, 마그네슘, 철, 구리, 망간, 아연, 규소, 황 등 수십 종의 미네랄을 포함하고 있다.

소금에는 인체와 가장 흡사한 미네랄 조성 비율을 가지고 있으며, 우리가 필요로 하는 원소 대부분이 고스란히 녹아 들어가 있다. 즉 소금이란 우리 몸에 영양물질로 기능을 할 수 있는 염화나트륨이라는 소중한 주요 미네랄과 수십 종의 미량 미네랄을 함유하는 물질이라고 정의할 수 있다.

99% 이상의 염화나트륨으로 이루어진 정제염 그리고 맛을 내는 각종 화학물질과 고결방지제 등이 첨가된 맛소금 등을 식품영양학적인 의미에서 질이 좋은 소금이라고 부르기는 어렵다.

많은 종류의 소금이 존재한다

지구상에는 셀 수 없이 많은 종류의 소금의 존재하며 소금을 생산하는 방식도 매우 다양하다.

우리에게 태양으로 증발시킨 자연염인 천일염sea salt이 널리 알려져 있는데 천일염 또한 생산하는 방식, 시기, 지역에 따라 그 구성성분이 달라서 동일한 천일염이란 존재하지 않는다. 그리고 바닷물을 끓여서 소금을 생산하는 자염, 대나무에 천일염을 넣고 여러 번 구워 만든 죽염, 고대의 바닷물이 증발하여 퇴적층이 된 암염, 염분의 농도가 높은 호수에서 생산된 호수염lake salt, 참나무로 훈증한 소금, 각종 해조류를 첨가해 만들거나 기능이 있는 열매나 허브를 첨가해 만드는 등 소금의 종류와 그 만드는 방법은 헤아릴 수 없이 다양하다. 마크 비터먼Mark Bitterman은 그의 저서 솔티드SALTED에서 약 150종류의 소금을 자세히 소개하고 있다.

지구상에 소금이 이렇게 다양하게 존재함에도 불구하고 우리는 매일 소금은 나쁜 것으로 간주할 뿐 질이 좋은 소금과 나쁜 소금을 구분하지 못한다. 그뿐만 아니라 제조 방법에 따라 질이 좋은 소금을 만들어 내려는 과학적인 노력을 해야 한다. 이것은 곧 소금 없이 살 수 없는 우리 인류의 건강과 직결되는 문제이기 때문이다.

소금의 용도

식품용

소금은 각종 미네 랄이 다양하게 함 유되어 있어 인체 내 생리작용을 위 해서는 반드시 필 요한 물질이며, 음 식의 맛을 내는 기 본 향신료로 사용 된다. 또 식품을 저 장하는 기능도 있 는데 생선, 육포, 장아찌는 물론 간 장, 된장, 김치 등 에 쓰이고 있다. 김 장용 배추를 절이 거나 젓갈을 담그 는 등 식품의 전처 리용으로 상당량 사용된다.

공업용

비누의 원료인 가 성소다, 암모니아 소다 등의 소다류 를 제조할 때 이용 될 뿐만 아니라 합 성연료, 합성고무, 석유정제, 요업, 액 체연료, 화약제조, 가죽제품 등을 생 산하는 용도로도 사용된다. 섬유공 업에서는 인조섬유 를 만들거나 염료 를 만들 때 사용하 며, 섬유를 희게 표 백할 때도 사용한 다. 농업용으로는 비료나 농약을 만 들 때 사용된다.

건설용

땅을 얼지 않게 하 는 동토방지제로 사용되기도 하고, 테니스코트 같은 운동장을 만들 때 깔기도 한다. 또 건 축자재와 지반 연 결부분에 벌레가 침투하거나 부식을 방지하기 위해 사 용한다. 씨름장의 모래에도 상당량의 소금을 뿌려주어야 한다.

의료용

각종 의약품이 발 달되기 전에는 소 금이 임시변통 약 으로 잘 사용되었 는데 그 치료 범위 가 너무나 다양했 고 그 효능 또한 매우 높아서 가정 상비약으로 없어서 는 안 될 의료품이 었다. 특히 가정에 서 감기예방, 축농 증, 치질, 화상, 치 통, 인후통, 더위 먹었을 때 민간요 법으로 많이 사용 되었고 두통, 빈혈, 가슴앓이, 위통, 위 염, 급체, 안질, 두 드러기, 부스럼, 편 도선, 종기, 머리비 듬, 파상풍, 폐결 핵, 심지어 옻이 올 랐을 때도 사용했 었다. 생리식염수 의 생산에 많이 사 용된다.

사료용

동물은 반드시 체 내에 소금을 필요 로 한다. 동물들은 자연 상태에서 생 활할 때에는 염분 이 많이 함유된 먹 이를 스스로 찾아 먹기 때문에 염분 이 자연스럽게 섭 취가 된다. 그러나 사육을 할 때는 자 연 상태와 다르기 때문에 사료를 생 산할 때 반드시 소 금을 섞어서 만든 다. 이때 정제염을 넣으면 동물의 수 명을 단축시키고 성장에도 지장을 초래하므로 소금사 용에 주의를 기울 여야 한다.

소금이 **고혈압**의 **원인이라고?**

 '소금은 고혈압의 원인이다'라고 '소금 유해론'을 처음으로 제기한
사람은 1904년 암바드Ambard와 베자르Beaujard란 학자다. 이 두 사
람은 환자들에게 소금을 섭취케 하여 환자들의 혈압을 조사한 결과
고혈압 환자의 경우에는 염분이 거의 없는 과일 식사로 혈압이 떨어
졌다는 임상 결과를 얻어냈다. 그래서 소금이 혈압상승을 유발한다
고 발표했다. 하지만, 이 실험은 소금의 종류에 따라 인체에 미치는
영향이 다르다는 사실을 파악하지 못했기 때문에 근본적으로 그릇된
결과를 얻을 수밖에 없었다.

 순수한 염화나트륨은 혈압을 올리는 데 관여하는 앤지오텐신 전환
효소Angiotensin Converting Enzyme, ACE를 활성화 시키는 것으로 알
려져 있다. 하지만, 미네랄이 풍부하게 함유된 소금은 혈압에 미치는
영향이 다르다. 목포대 천일염 생명 과학 연구소에서는 소금에 민감
한 쥐를 이용해 국산 천일염과 정제염을 먹이면서 수축기와 이완기
의 혈압을 관찰하는 실험을 한 바 있다. 그 결과 수축기와 이완기의
혈압 모두 천일염을 먹인 쥐가 정제염을 먹인 쥐보다 낮게 유지됨을
알 수 있었다. 천일염에 함유된 마그네슘, 칼슘, 칼륨 등이 혈압을 올
리는데 관여하는 잉여분의 나트륨 배설을 촉진하기 때문이다.

 일본 고베대학에서 미네랄 소금과 정제염 섭취 시 인체에 어떤 변
화가 일어나는지를 실험하였다. 미네랄 소금을 한 달 동안 섭취한 쥐
의 소변을 채취해 나트륨 배설량을 측정한 결과 정제염을 섭취한 쥐
는 나트륨이 40% 정도 체내에 축적되었지만, 미네랄 소금을 섭취한

쥐는 대부분의 나트륨이 소변을 통해 배설되었다. 이 실험들은 소금의 종류에 따라 동물의 생리 반응이 상당히 다르다는 것을 보여준다.

미국 오리건 주의 포틀랜드 의과대학 교수 데이비드 마크카론David McCarron 박사를 중심으로 한 연구진이 미국인 중 1만 3백 72명의 식생활과 건강상태를 연구한 결과를 과학 잡지인 사이언스지에 발표했다. 이는 혈압이 높은 사람은 혈압이 정상적인 사람에 비해서 19.6%나 칼슘의 섭취량이 부족하다는 내용이었다. 고혈압은 식품 속에 포함되어 있는 염분을 과잉 섭취하기 때문에 일어나는 것이 아니라 칼슘 섭취량의 부족 때문에 일어난다는 것이었다.

고혈압 전문의 시바타 지로柴田二郎는 책에서 소금과 고혈압과는 전혀 관계가 없다고 주장했다.

『소금이 고혈압을 만든다고 주장하는 의사들에게 묻고 싶은 말이 있다. 어떤 의학서적을 읽어봐도 저혈압 치료에 소금을 대량으로 장기 투여하면 저혈압이 낫는다고 쓴 것은 보지 못했다.

보통 혈압을 가진 사람이 소금의 다량 섭취에 의해 고혈압이 생긴다면 당연히 저혈압 환자가 소금을 많이 먹으면 정상 혈압으로까지 혈압을 높일 수 있는 것 아니겠는가? 그런데 아무도 이런 말을 하지도 않고 쓴 적도 없다. 소금과 혈압은 관계가 없다는 것은 이 사실 하나로 명백하게 판명 나지 않았는가? 소금은 혈압을 올리는 식품이 아닌 것은 분명하다. 그러나 의학지식이 없는 사람은 물론, 의사나 의학자라는 사람들 중에도 소금의 다량 장기 섭취가 고혈압을 만든다고 믿고 있는 사람이 적지 않다. 소위 소금은 고혈압의 범인이란 등식은 미신처럼 믿어지고 있는 형편이다. 고혈압의 80%는 본태성本態性 고혈압이다. 본태성이란 본래 그러한 것으로 유전적인 요인이거나 그 원인을 알 수 없는 병이라는 말이다. 나머지 20%의 고혈압 환자는 신장염 및 기타 신장질환 때문에 생기거나 호르몬의 이상에 의해 생긴다.」

우리 몸에 혈압이 없다면 영양분의 이동과 노폐물의 배설은 이루어질 수 없다. 소금이나 음식을 먹어서 일어나는 일시적인 혈압은 영양분을 수송하기 위해 만드는 일종의 에너지인 셈이며, 이 소금의 일정한 역할이 끝나면 정상의 혈압으로 돌아간다.

미네랄이 풍부한 소금의 작용이 없다면 우리는 소화를 시킬 수도 없으며 영양분을 세포 안으로 이동시키는 수단을 잃게 된다. 뿐만 아니라 저염식으로 인한 미네랄 부족이 발생하면 여러 효소를 원활히 생성시키지 못하기 때문에 인체 내 해독력과 면역력은 떨어지게 된다. 오히려 미네랄이 풍부한 소금은 혈액 속의 잉여분의 나트륨을 배출하고 청소해서 혈액의 흐름을 좋게 하고 오히려 고혈압 치료에 도움을 준다.

염화나트륨을 먹는다는 것은 체액에 나트륨을 억제하는 길항작용이나 보완작용을 하는 미네랄이 없음으로 신진대사가 원활히 이루어지지 못해 오히려 인체의 균형이 무너지고 만다.

소금의 종류를 구분하지 않고 실험된 막연한 결과를 놓고 '소금은 고혈압을 유발한다'라고 생각하는 것은 과학적 오류가 빚어낸 현대판 미신이다.

저低염식, 과연 내 심장에 좋을까?

고혈압 환자나 중풍을 경험한 사람들은 누구나 의사들의 짜게 먹지 말라는 말을 제1의 경고로 들었을 것이다.

국제 고혈압 학회의 전 회장인 마이클 올더만Michael Alderman 박사는 연구에서 『고혈압 환자의 대다수에서는 나트륨 저감 식이요법으로 혈압을 지속적으로 낮추지 못하는 결과를 보였고, 실제로 소수의 환자 (소금에 민감한 환자patients with salt sensitive)만이 저염식으로 인한 혈압 강하 효과를 나타냈다. 그러나 저염식이 고혈압 남성의 사망률을 낮추지는 못했다. 고혈압 환자 2,937명을 대상으로 나트륨 섭취량을 조사했을 때, 오히려 나트륨 섭취량이 가장 낮은 남성은 나트륨 섭취량이 많은 남성에 비해 심장 마비 위험이 4.3배 증가했다.』는 논문을 발표하였다.

마이클 올더만Michael Alderman 박사는 연구 결과에서 음식을 싱겁게 먹는 것은 얻는 것보다 잃는 것이 더 많다는 사실을 보여주는 것이라고 지적하고, 미 보건당국에 염분섭취량을 제한하라는 권장 사항을 일단 정지시키라고 촉구하였다. 지금까지는 저염식低鹽食이 일시적으로 혈압을 낮추어줌으로써 뇌졸중, 심장마비를 예방한다는 것은 혈압에만 국한해 초점을 맞춘 것으로 핵심을 간과한 것이라면서 염분섭취를 줄이면 혈관을 수축시켜 심장마비의 위험을 증가시키는 호르몬이 증가한다고 주장했다.

1998년 '랜싯Lancet'에 식염과 건강에 관하여, 흥미로운 논문이 있다.

『미국의 국민건강영양조사에서 식염 섭취량과 사망률과의 관계에 대하여, 25~75세의 207,729명의 영양조사와 의학적 조사가 행해졌다. 그 결과, 식염섭취량과 전체 사망률은 '역逆의 상관관계'였음을 확인했다.

남자의 경우 식염섭취량을 평균치로 최저 2.64g에서 최고 11.52g까지 4그룹으로 나누고, 똑같이 여자도 최저 1.70g에서 최고 7.89g까지 4그룹으로 나누어서 전체 사망률과 비교해 보면, 식염섭취량이 가장 적은 '1'그룹이 사망률이 가장 높고, 식염섭취량이 가장 많은 '4'그룹이 사망률이 가장 낮다는 것을 확인한 것이다.

그런데 한 술 더 떠서 이 조사는 전체 사망률에 관해서뿐만 아니라, '심혈관계'에 의한 사망률도, 식염섭취량이 가장 적은 '1'그룹과 가장 많은 '4'그룹을 비교하면 식염섭취량이 가장 적은 '1'그룹의 사망률이 가장 높고, 식염섭취량이 가장 많은 '4'그룹의 사망률이 가장 적다는 것이다. 이 조사에 따르면 미국인들은 하루의 식염 섭취량이 적은 사람일수록 사망의 위험이 높다는 것을 알 수 있다.』

동방결절洞房結節은 심장의 한 부분으로 전기자극을 생성하여 심장 박동의 리듬을 결정한다. 전기적인 자극을 생성하기 위해서는 나트륨, 칼륨, 칼슘 등이 세포 내외부를 드나들면서 전류를 발생시키고 전기적인 신호를 만들게 되므로 심장의 규칙적인 박동을 위해서는 이러한 미네랄은 필수적이다.

장기간의 저염식은 인체에 가장 중요한 기능을 가진 미네랄인 나트륨을 다시 회수하기 위해 렌닌rennin, 앤지오텐신angiotensin 등의 호르몬 분비를 촉진시켜 몸을 쉽게 지치게 하고 질병을 유발할 수 있으며, 심장 전위의 규칙적인 활동을 저해할 수 있다.

과연 저염식이 내 심장에 좋을까!

소금으로 인체의 **미네랄 부족을 보충**하는 것이 바람직하다

대부분의 식당과 모든 가공식품 공장에서는 음식의 간을 맞추거나 식품을 생산할 때 넣는 식염食鹽으로 정제염을 사용하고 있다.

정제염이란 바닷물을 약 10Å옹스트롬의 미세한 구멍을 가진 이온 교환막을 통과시키면 나트륨 이온Na+과 염소 이온Cl-은 통과되고 마그네슘, 칼슘과 같은 2가의 이온류와 납, 카드뮴, 수은 같은 중금속들은 막을 통과하지 못한다. 이렇게 얻어낸 순도 높은 염화나트륨의 결정체가 정제염이다. 기계 공정을 거쳤기 때문에 기계염이라고도 한다. 대량생산이 가능하고 값이 저렴해 식품회사에서 많이 이용하고 있다. 제조과정에서 몸에 좋은 미네랄 성분이 대부분 제거되어 다른 소금에 비교해 영양적인 면에서는 좋지 않다.

정제염에는 소금의 엉김을 방지하기 위한 고결방지제인 알루미늄 화합물 즉 실리코알루민산나트륨sodium silicoalumnate, 페로시안화나트륨sodium ferrocyanide이 첨가될 수 있으며, 이러한 화합물은 알츠하이머병을 증가시키는 것과 관련성이 있다. 또한 글루타민산나트륨MSG을 첨가해 감칠맛이 나게하며, 탄산칼슘calcium carbonate, 산화칼슘calcium oxide등이 첨가되어 소금을 더욱 희게 보일 수 있다. 미국의 제조업체는 2% 범위 안에서 자유롭게 각종 화합물을 첨가하고 있다.

이러한 화합물은 우리 신체에 어떠한 긍정적인 영향도 끼치지 않는다.

임산부의 경우, 미네랄이 골고루 들어있는 소금이 더욱 필요함에도 불구하고 그 필요성을 깊이 인식하지 못하고 미네랄이 없는 정제염을 먹어왔으며, 때로는 그 안에 어떤 화학적 첨가물이 들어있는지조차 모른채 오랫동안 이용해 왔다.

미네랄 부족이 뼈와 치아를 약하게 하고 치아의 개수가 모자라는 아동 치아 결손缺損을 계속 증가시키고 있으며, 대사代謝가 원활하게 이루어지지 못하면서 아이들의 건강에 나쁜 영향을 미친다.

일본의 오사카대학의 무시야무니 교수는 1979년에 식염조사연구회를 만들어 연구결과를 발표하였다. 그는 '우리가 먹는 흰 소금은 사람을 죽이는 살인 소금'이라고까지 말하면서 가공염의 유해성을 밝혔다.

우리는 지금까지 정제염과 천일염을 같은 소금인 것으로 착각하고 있었으며, 정제염으로 빚어지는 건강상의 폐해가 마치 모든 소금이 그러한 듯 인식함으로써 국민의 건강에 지대하게 나쁜 결과를 초래하게 되었다.

일본 식량영양학회 이노우에 회장에 의하면 「'현대는 영양과잉과 영양결핍이 공존하는 역사상 유례가 없는 세상이다'고 하면서 덩치가 크고 비만한 영양과잉 상태와 동시에 미네랄이 부족해서 뼈가 부러지는 영양결핍 상태가 함께 나타나고 있다. 풍요로운 가공식품 사회가 이런 '영양 불균형'의 아이들을 만들어내고 있다」고 경고했다.

식품에는 미네랄이 부족하고, 현대는 많은 오염물질을 쏟아내고 있기 때문에 우리 몸에서 유실流失되는 미네랄은 증가하고 있다.

현대인들의 미네랄 결핍을 해소할 수 있는 좋은 방법은 무엇일까?

미네랄은 지방, 단백질, 탄수화물, 비타민 등과 적절한 상호반응을 일으키면서 우리 몸에 흡수된다. 한두 번씩 챙겨 먹는 비타민 또는 미네랄제제製劑는 인체 흡수율이 떨어져 우리 몸을 회복시켜주거나 근본적으로 바꾸는 데는 한계가 있다. 따라서 미네랄을 흡수하는 가장 좋은 방법은 음식과 함께 미네랄이 풍부한 소금으로 간을 해서 꾸준히 섭취하는 것이다.

미네랄이 풍부한 소금은 식품의 부족한 미네랄을 보충하며 현대인들의 미네랄 결핍을 상당 부분 해소해 줄 것이다.

소금은 단순히 염화나트륨이 아니며, 소금의 종류에 따라 인체에 미치는 영향이 매우 다르다는 사실을 자각해야 한다.

Part 3

죽 염

죽염을 만드는 과정은 소금 속의 미네랄을
생리활성 능력이 뛰어난 미네랄로
만드는 과정이다.

죽염이란?

죽염은 천일염을 왕대나무 마디 속에 다져 넣고, 반죽 한 황토로 입구를 막은 후 소나무 장작불로 구워서 만드는데 이때 온도는 800℃ 정도다. 재로 변한 대나무를 털어내고 황토 마개는 걷어낸 뒤 남아있는 소금 기둥은 분쇄해서 다시 대나무에 다져 넣고 태우는 과정을 8회 반복한다. 9회째는 8회 구운 소금을 1,300℃ 이상의 송진 불을 이용해 소금을 용암처럼 액체상태로 녹인다. 이 소금 용액이 식으면 돌처럼 단단한 덩어리가 되는데 기계로 분쇄 후 알갱이 혹은 분말로 만들어 직접 침으로 녹여 섭취하거나 음식에 첨가하는 천연 소금으로 사용이 가능한 죽염이 된다.

이 염 가공법은 인산仁山 김일훈金一勳, 1909~1992 선생(이하 인산 선생)이 대한화보에서 1971년 11월호부터 72년 7월호까지 연재하여 죽염 제조법을 공개하였고, 1980년에 선생의 저서 「우주宇宙와 신약神藥」에 공개한 뒤 세상에 널리 알려졌다. 1986년에 「신약神藥」이 출판된 뒤 죽염 산업화가 시작되었으며, 1987년 세계 최초의 죽염회사 인산식품이 설립되었다. 2011년 현재 국내에는 약 60여 업체에서 죽염을 생산하고 있다.

인산 선생은 죽염을 건강증진 및 성인병, 만성질환의 치료 목적으로 하루 수 회 내지 수십 회 침에 녹여 복용할 것을 권장하였으며, 염성鹽性이 강한 생물은 질병에도 강하다는 이론을 주장함으로써 지금까지의 서양 의학적 염화나트륨의 생리적 작용 해석과 상식적인 소금 섭취개념과는 정면으로 상반되는 죽염 섭취법을 발표하였다.

인산 선생의 저서 「신약神藥」, 「신약본초神藥本草」를 읽은 많은 사람이 건강 예방과 치료를 위해 죽염을 사용하기 시작했으며, 지난 십수 년간 죽염은 건강을 지키려는 많은 사람과 다양한 환자에게 널리 애용되어 왔다.

죽염을 창시한 **인산 선생의 죽염론**

핵비소核砒素

물 가운데 응고凝固하는 수정水精이 곧 소금이다. 소금의 간수 속에 만 가지 광석물의 성분을 가진 결정체를 보금석保金石이라고 하고 보금석 가운데 비상砒霜을 이룰 수 있는 성분을 핵비소核砒素라고 하며, 이것이 곧 수정水精의 핵이다.

바닷물 속에는 지구 상의 모든 생물이 의지해 살아갈 수 있는 무궁한 자원이 간직되어 있다. 이러한 자원 가운데 가장 요긴한 약성을 지닌 것이 바로 핵비소核砒素이다.

핵비소는 처음 바다가 이루어진 뒤 바닷물이 오랫동안 지구 속의 불기운을 받아 독소毒素 중 최고 독소로 변화된 것이다.

이 핵비소는 색소色素의 합성물인 인체를 병들게 하는 모든 독소의 왕자王者이므로 세균을 포함한 모든 독성을 소멸할 수 있는 힘이 있다.

우리나라 천일염에 유일하게 들어 있는 핵비소核砒素

우리나라 서해안 염전에서 만들어내는 천일염만이 유일하게 이 핵비소의 성분을 함유하고 있다. 따라서 천일염을 섭씨 1천도 이상의 높은 열로 처리하면 만종 광석물 가운데 가장 인체에 유익하게 사용할 수 있는 핵비소를 얻을 수 있다.

이 핵비소를 얻음으로써 죽염이라는 그야말로 각종 질환에 폭넓게 쓰여지는 신약神藥의 생산이 가능해지는 것이다.

지구 밖 공간을 3층으로 구분해 보면, 지구에서 가장 멀리 떨어진 공간의 층에는 독소가 있고, 그 다음 층에는 영소靈素가 있으며, 지구와 제일 가까운 공간 층에는 색소色素가 있다.

공간空間의 독소와 지중地中의 독소가 서로 합해지는 때에는 색소 또는 병균으로 변화하여 인류에게 암과 그 밖의 괴질을 일으킨다. 이로써 공해독公害毒이 점차 늘어만 가는 현대사회에서 핵비소는 없어서는 안 될 필수 약으로 대량 보급이 절실히 요구되는 것이다. 핵비소의 보급은 죽염제조로 가능해진다.

핵비소의 보급은 죽염 제조로서 가능

죽염의 제조는 3년 이상 된 왕대나무를, 한쪽은 뚫리고, 한쪽은 막힌 상태로 자른 다음, 그 대통 안에 서해안 천일염을 가득 단단히 다져 넣는다.

산속의 거름기 없는 황토를 채취한 다음, 되게 반죽하여 입구를 막고, 센 불로 반복해서 아홉 번을 굽는 것이다.

매번 구울 때마다 구워진 소금 덩어리를 절구에 찧어 다시 다져 넣고 굽기를 여덟 번 반복한 다음, 아홉 번째에는 송진으로만 불을 때서 재가 남지 않도록 굽는다. 아홉 번째 구울 때 몇천 도의 고열로 처리하게 되면 소금이 녹아 물처럼 흐르는데, 불이 꺼진 뒤에 이 액체는 굳어져 돌덩이 같이 변한다. 이 덩어리가 바로 죽염이다. 돌덩이처럼 되는 이유는 수기水氣가 다하면 토기土氣가 생기게 되는 화생토火生

土의 원리로 설명된다. 반드시 아홉 번째는 화력을 극강하게 하여 소금이 물처럼 녹아 흐르게 해야 한다. 이렇게 하면 천연유황天然硫黃 유진성약물硫眞性藥物이 되는데, 이것은 각종 암약癌藥으로 쓰인다.

바닷물 속의 신약神藥 핵비소와 대나무 속의 신약 유황정硫黃精을 합성하는 묘법妙法이 고열의 불 속에서 서로 합하고, 서로 생生하는 가운데 이루어진다.

소금을 극도의 고열로 녹여내면 수분은 사라지고 화기火氣는 성하므로 화생토火生土 → 토생금土生金의 원리에 의해 금金, 은銀, 납鉛, 구리銅, 철鐵의 성분이 재생되어 신비의 약, 죽염이 만들어진다.

이 밖의 방법으로 합성한다는 것은 지극히 어려운 일이다. 후세後世 신인神人의 합성하는 묘법을 기대해 마지않는다.

염성鹽性 보충으로 암 치료

만물은 염성鹽性의 힘으로 화생한다. 봄에 초목의 새싹이 돋고, 잎이 피고, 백화가 만발할 때 지구 상의 염성이 대량 소모되면서, 지상 생물은 염성 부족으로 인해 쉬 피곤함을 느끼며, 심지어 질병까지 얻게 된다.

나무를 예로 들면 봄에 새순을 돋우고, 꽃과 잎을 피우느라 자체 내의 염성을 대량 소모하므로 입추가 지나 완전히 염성회복이 되기 전까지 체목體木은 견고하지 못하다. 따라서 이를 잘라서 재목으로 쓰게 되면, 오래가지 못하고 쉬 썩는 것을 볼 수 있는데, 그것은 염분 속에 철분이 있기 때문이다.

봄에 소금, 간장 등이 싱거워지는 것도 만물화생으로 인해 염성이 대량 소모될 때 손실을 입기 때문이다. 사람도 봄에 소모된 염성을 원기부족 등으로 완전히 회복하지 못하게 되면 각종 질병이 발생하게 된다.

염성부족으로 인해, 공해독公害毒 등의 제반 피해를 견디어내지 못하므로 암 등 각종 난치병이 발생하는 것이다.

모든 생물이 부패하지 않는 것은 '염성의 힘' 때문인데, 체내 수분에 염성이 부족하게 되면 수분이 염炎으로 변하여, 각종 염증炎症을 일으키며, 염증이 오래되면 이것이 다시 각종 암으로 변화되는 것이다. 피에 염성이 부족하게 되면 혈관염血管炎이 오며, 혈관염이 심화深化되면 혈관암血管癌이 된다.

죽염은 이처럼 염성 부족으로 발생하는 제반 질병을 예방, 치료해 준다.

부족한 염성의 보충으로 조직의 변질과 부패를 방지하고 핵비소의 독으로 각종 암독을 소멸하여, 유황정의 생신력生新力 강화로 새 세포를 나오게 함으로써 난치 중의 난치병인 암을 치유시켜 주는 것이다.

죽염이 직접 주된 치료 작용을 하는 주요 병의 범위는 다음과 같다.

1. 암癌 : 식도암, 뇌암, 비암脾癌, 십이지장암十二指腸癌, 구종암口腫癌, 설종암舌腫癌, 치근암齒根癌, 인후암咽喉癌, 소장암, 대장암, 직장암, 항문암 등.
2. 염炎 : 식도염食道炎, 위염, 비염, 십이지장염, 소장염, 대장염, 직장염, 뇌염 능.

3. 궤양 : 위궤양, 십이지장궤양, 소장궤양, 대장궤양, 직장궤양 등.
4. 기타 : 구체久滯, 육체肉滯, 토사곽란吐瀉癨亂, 식중독, 소화불량,
    위경련, 식도종양, 위하수胃下垂, 위확증胃擴症, 구종口腫,
    설종舌腫, 구순창口脣瘡, 아감창兒疳瘡, 악성피부병, 습진,
    무좀, 수족단절手足斷切, 외상外傷, 적리赤痢, 백리白痢, 설
    사, 모든 안질, 공해독으로 인한 모든 병 등.

죽염은 이밖에 거의 모든 질병에 두루 보조치료 작용을 하지만, 그
주요 병명을 열거해 보면 대략 다음과 같다.

1. 암癌 : 비선암脾腺癌, 폐암, 기관지암, 폐선肺腺암, 신장암, 방광암,
    명문암命門癌, 간암, 뇌암축농증腦癌蓄膿症, 뇌암중이염腦癌
    中耳炎, 담낭암膽囊癌, 담도암膽道癌 등.
2. 적병積病 : 신적분돈腎積奔豚, 심적복량心積伏梁, 폐적식분肺積息賁,
    간적비기肝積肥氣, 비적비기脾積痞氣 등.
3. 염炎 : 폐렴, 기관지염, 폐선염肺腺炎, 신장염, 방광염, 간염, 폐
    막염腦膜炎 등.
4. 기타 : 심장병, 폐결핵, 폐옹종肺癰腫, 간경화, 간옹肝癰, 간위증肝
    痿症, 뇌종양, 비치鼻痔, 후발종後髮腫 등.

(참고 : 인산 선생의 저서 『神藥』 p36~42)

소금 속의 **청강수**青剛水를 **제거**한 것이 죽염

예부터 우리는 발효식품을 이용해 염분을 섭취해 왔다. 그 대표적인 것이 간장, 된장, 고추장, 젓갈, 김치 등이다.

우리 선조들은 소금을 직접 섭취하기보다는 왜 이렇게 발효, 숙성시키는 기술을 개발한 것일까? 발효와 숙성을 통해 영양물질의 변화와 증진 그리고 깊은 맛을 내려는 목적도 있지만, 미생물을 이용해서 소금 속의 불순물을 처리하기 위한 한 방법이기도 하다.

인산 선생은 소금 속의 불순물을 '청강수青剛水'라고 설명하고 있다.

"소금 속의 청강수 기운이 만의 하나냐, 천의 하나냐? 이런 걸 정확히 아는 사람은 없어요. 그래서 소금에 청강수 기운이 있기 때문에 좀 많이 먹으면 속에서 불이 일어요. 나도 그걸 먹고 늘 경험해요. 속에서 불이 이는데 그건 청강수 기운이 소금 속의 몇 %를 점유하고 있어서 그렇다.

그리고 소금 많이 먹으면 좋지 않은 일이 오는 건 중금속이나 불순물이 개재介在되서 그래요. 그러면 그걸 옛날 양반이 무를 썰어서 절인 후 그 무김치나 김칫국을 먹으면 상당히 해독이 많이 돼요.

그러나 좀 과히 먹으면 거기서 비상 기운하고 청강수 기운이 발효하는 건 확실해요. 물이 켜여요. 또 간장을 담은 것이 중화中和인데 그것도 많이 먹으면 청강수 기운이 나타나요. 그래서 물이 켜여요. 그러면 오늘 현실에는 소금을 그대로 먹고 죽는 것보다는 방법이 필요하다."

죽염을 먹으면 일반 소금의 2~3배를 먹어도 갈증이 나지 않는다. 체액의 전해질 농도가 분명히 높아지는 데도 어떻게 물이 필요하지 않을까?

죽염은 소금 속에 여러 가지 나쁜 물질이 정화淨化된 상태이기 때문에 물을 끌어들여 소금 속의 청강수 기운을 해독하려는 효소를 만들 필요가 없고, 불필요한 신진대사 과정이 줄어듦으로 해서 더 이상 에너지를 소모할 필요가 없다. 또한, 죽염 속의 미네랄은 전도도電導度가 낮아 인체의 전류 흐름에 영향을 덜 받아 세포에 빠르게 스며들어 전해질 농도를 스스로 조절하는 능력이 뛰어나다.

오히려 죽염을 녹여 먹으면 침샘을 자극해 침의 분비를 돕고 갈증을 해소한다. 등산하는 사람들이 작은 휴대 용기에 죽염을 넣고 사탕처럼 먹으면서 산행을 하면 목마름에 도움이 된다. 죽염을 먹으면서 등산이나 운동을 하면 갈증이 해소될 뿐 아니라 땀을 통해 배설되는 염분을 적정하게 보충함으로써 탈수를 막을 수 있다. 갈증을 유발하는 소금과 그렇지 않은 죽염은 인체에 미치는 생리적 반응이 전혀 다르다는 것을 입증한다.

소금을 **죽염으로 만들어야 하는 이유** 3가지

소금은 우리 인체에 필수적인 생리활성 물질이며, 현대인들에게 부족한 미네랄을 보충시켜 주는 매우 중요한 자연의 물질이다. 현대인들의 건강을 위해 천일염을 대나무에 넣고 구워서 죽염으로 재탄생시켜야 할 몇 가지 이유가 있다.

첫째, 소금 속의 불순물을 깨끗이 처리하는 방법이다

소금에는 간수bittern, 苦鹽성분이 포함되어 있다. 이 간수성분은 황산마그네슘$MgSO_4$, 염화마그네슘$MgCl_2$, 브롬화마그네슘$MgBr_2$ 등을 포함하고 있다.

콩을 삶은 뒤 간수를 넣으면 단백질이 응고되면서 두부가 된다. 간수는 단백질을 응고하는 성질이 있는데, 소금 속에 간수를 깨끗하게 처리하지 않고 섭취하게 되면 간수가 혈중 단백질을 엉기게 만들어 피를 탁하게 하고, 고혈압·동맥경화·당뇨 등을 유발할 수 있다. 간수성분은 대부분 화합물의 형태로 존재하는데 이러한 구조를 변화시켜 인체에 유익한 미네랄로 만드는 방법은 소금에 강한 열을 가하여 화학구조를 변화시킨다.

또한, 산업화가 진행되면서 발생한 환경오염은 서해 인근의 바닷물을 오염시키고 있다. 「소금의 종류별 미네랄 함량과 외형구조 비교 연구」 논문에서는 천일염의 간수 속에는 중금속인 납, 수은, 니켈 등이 검출된다고 보고하였다. 따라서 그 바닷물로 만들어지는 소금 또한 불순물에서 완전히 자유롭지 못하게 되었다.

인체에 해롭다고 알려진 카드뮴, 납, 수은 등은 염화카드뮴$CdCl_2$, 염화납$PbCl_2$, 염화수은$HgCl_2$ 염소와 화합물 형태로 존재한다. 대나무에 소금을 넣어 굽는 과정을 통해 아래와 같은 화학적 연소반응이 일어난다.

$$CdCl_2(고체) + Q(열) \rightarrow CdCl_2(액체) + Q(열) \rightarrow Cd(기체)\uparrow + Cl$$
$$PbCl_2(고체) + Q(열) \rightarrow PbCl_2(액체) + Q(열) \rightarrow Pb(기체)\uparrow + Cl$$
$$HgCl_2(고체) + Q(열) \rightarrow HgCl_2(액체) + Q(열) \rightarrow Hg(기체)\uparrow + Cl$$

카드뮴, 수은, 납의 용융점은 300℃ 이하지만 기체로 비산飛散시켜 없애려면 소금 온도를 1,000℃ 이상 올려 완전히 녹이는 과정을 거쳐야 중금속 염화물을 기체형식으로 밖으로 내보낼 수 있다. 대나무에 소금을 넣고 구운 뒤 1,300℃ 이상 용융하는 죽염가공법은 간수 성분과 중금속을 제거하고 미네랄을 보존하는 매우 과학적인 방법이다.

둘째, 소금 속의 미네랄을 인체 흡수가 가능한 상태로 만드는 방법이다

땅속에 존재하는 미네랄은 금속성 미네랄metalic elemental minerals로 직접 섭취할 경우 인체 흡수가 거의 이루어지지 않는다. 금속 미네랄은 식물에 흡수되면서 여러 종류의 화합물로 존재하게 되는데, 이 미네랄은 소화과정에서 인체 흡수가 가능한 미네랄이 된다. 인체 흡수가 가능한 미네랄이란 물이나 체액에 녹아 세포에 흡수될 수 있도록 이온화가 진행될 수 있어야 한다는 것을 뜻한다. 이온화 Ionization는 중성의 분자 또는 원자에서 전자를 잃거나 얻는 등의 전자 이동이 일어나 전하電荷를 띠게 되는 반응이다. 즉, 우리는 미네랄을 곡류, 채소, 과일, 육류 등의 식품을 통해 얻어야 한다.

염화나트륨을 물에 녹이면 이온결합이 끊어지면서 전자를 한 개 잃은 나트륨 이온과 전자를 한개 얻은 염소 이온으로 쉽게 나누어 지지만(NaCl → Na$^+$ + Cl$^-$), 소금 속에는 이온화가 진행되기 쉬운 칼륨, 칼슘, 나트륨, 마그네슘 등이 존재하지만 반대로 이온화가 되기 어려운 상태의 철, 아연, 구리, 백금, 셀레늄 등의 여러 원소도 존재한다. 이렇게 이온화 경향이 어려운 미네랄은 물이나 체액에서 이온화가 진행되지 않아 섭취되더라도 인체에 흡수되지 않고 그대로 배설되어 버린다. 쉽게 말해 우리 인체의 필요한 영양분으로 녹아들지 않는다는 것이다.

소금을 대나무에 넣은 후 굽는 과정에서 각 원소는 새로운 화합물을 형성하기도 하고, 고온의 송진 불에서 각 원소는 전자를 잃을 수 있는 이온화 경향이 강한 물질이 되거나 전자를 끌어오려고 하는 전자친화도가 높은 원소로 바뀌면서 인체 활성 능력이 높은 미네랄로 변화되는 것이다.

즉, 소금을 대나무에 넣어 고온으로 굽는다는 것은 소금 속에 들어 있는 미네랄에 에너지를 가해 각 원소가 가진 전자의 이탈과 결합을 쉽게 하는 것이다. 이것은 식물이 토양의 원소를 흡수하면서 가지고 있는 원소와 같이 인체 활성이 우수한 상태의 미네랄을 만드는 과정이다.

제4장에서 정제염, 천일염, 죽염의 미네랄이 전혀 다른 반응을 보인다는 것을 산화 환원 및 하이포아염소산 제거능력 실험을 통해 입증할 것이다.

셋째, 인체에 유용한 자연의 미네랄을 합성하는 방법이다

인체에 필요한 자연의 원소를 소금에 합성함으로써 질병 예방과 치료에 필요한 물질로 탈바꿈시킬 수 있다.

대나무에 열을 가해 만든 진액津液인 죽력竹瀝은 예전부터 당뇨, 고혈압에 한방약으로 사용되어 왔다. 대나무에 소금을 넣어 구움으로써 질병에 치료 효과가 있는 대나무의 천연 미네랄을 소금 속으로 끌어들일 수 있다. 아울러 죽염을 구우면서 사용되는 원료인 황토와 송진에 있는 미네랄도 자연스럽게 소금 속에 합성된다.

천일염, 죽염 속의 미네랄을 분석해 보면 천일염에 없는 원소가 죽염에 새로 생기는 경우도 있다. 특히 칼륨, 인, 철, 구리 등의 특정 미네랄은 그 함량이 상당히 증가한다. 이것은 죽염을 구울 때 사용되는 대나무, 황토, 송진의 원소성분이 소금에 합성되었다는 것을 뜻한다.

이렇게 죽염을 굽는다는 것은 우리 몸을 치료할 수 있는 약리적 성질의 천연 미네랄을 자연스럽게 소금에 합성하는 화학적 합성법이라고 할 수 있다.

소금 속의 불순물을 제거하고, 각종 미네랄을 인체에 흡수가 가능하도록 만들며, 약리작용이 기대되는 미네랄을 소금 속에 합성하는 과학적인 소금 가공법이 바로 죽염을 만드는 과정이다.

죽염을 굽는 **원료 고찰**

첫 번째 원료 - 천일염

인산 선생은 "소금은 염증을 제거하고 균을 죽이며消炎殺蟲劑, 근골을 튼튼하게 하며壯筋骨劑, 이와 뼈를 단단하고 강하게 하며固齒硬骨劑, 갈증을 풀어주며 해독하는 성질解渴解毒劑이 있다. 우리나라 서해안 염전에서 만들어내는 천일염만이 유일하게 핵비소 성분을 함유하고 있다. 공해독公害毒이 점차 늘어만 가는 현대사회에서 핵비소는 없어서는 안 될 필수 약으로 핵비소의 보급은 죽염제조로 가능해진다"라는 이론을 밝힌 바 있다.

핵비소는 아직 화학적 분석을 통해 증명된 원소는 아니다. 소금에 들어 있는 미량 미네랄인 비소As도 핵비소의 일부분으로 추측된다.

오래 전부터 한방에서는 독성이 있는 물질을 순화純化시킨 후 섭취 또는 바르는 방법으로 인체의 독소毒素와 염증을 제거하는 이독공독以毒攻毒[3]이라는 방법을 사용하였는데, 이것은 예전부터 인체의 병을 다스리는 매우 중요한 치료법으로 이용되어 왔다. 비소 또한 법제과정을 거친 뒤 질병 치료에 이용되어 온 물질이다.

자오퉁交通대학 의학원 혈액학연구소瑞金醫院上海血液學研究所 연구팀은 혈액암을 유지해주는 특정 단백질을 비소가 파괴한다는 것을 밝혀냈고, 비소가 혈액암을 어떻게 치료하는지 밝혀 과학전문지 사이언스지에 그 연구결과가 실렸다. 연구소는 또 화학요법과 달리 급성전골수성벽혈병APL, 急性前骨髓性白血病 치료에 있어 머리카락이 빠지거나 골수의 기능 억제 효과도 없었다고 보고했다.

유기 비소 화합물은 순수 비소보다 독성이 낮으며 닭의 성장을 촉진하는 효과가 있다고 밝혀졌다. 학자들은 인간도 최적의 건강상태를 유지하기 위해 아주 적은 농도의 비소가 필요하다는 의견을 내놓고 있다.

죽염에는 많은 종류의 미네랄과 미네랄 화합물이 존재하며, 성분분석 결과 극미량의 비소가 검출되었다. 이 비소가 대나무와 결합하여 만들어진 유기 비소 화합물인지, 죽염으로 만들어지면서 몇 가의

---

3 이독공독以毒攻毒 : 이독제독以毒制毒이라고도 한다. 원래는 동양 의학에서 질병을 치료하는 한 방법이며, 독성이 함유된 약물로 독창毒瘡 등의 악성 질병을 치료하는 경우를 가리킨다. 극약의 일종인 부자附子를 법제하거나 그 독성을 중화시키는 다른 약물과 공용共用하여 신경통이나 류머티즘, 관절염 등의 치료제로 이용되는 것도 이독공독의 한 예라고 할 수 있다. 이 말은 당唐나라 때 신청神淸이 지은 「북산집北山集」에 나오는 "훌륭한 의사는 독으로써 독성을 멈추게 한다良醫之家, 以毒止毒也"는 말에서 유래되었다고 한다.

이온으로 존재하는지, 질병 치료효과에 어느 정도 기여를 하는지에 대한 정밀한 연구는 현재 진행중이다. 이 부분에 대한 결과물을 얻는 데는 많은 시간이 걸려서 본 책에 더 자세한 내용을 기록할 수 없어 매우 아쉽다. 추후에 결과가 얻어지면 개정판을 낼 때 수정 보완할 것이다.

인산 선생이 언급한 핵비소 이외에도 우리나라 천일염에는 세계 어느 나라 소금보다 미네랄이 매우 풍부하게 존재한다. 따라서 죽염을 굽는 원료는 우리나라 서해안 천일염이 가장 바람직하다고 할 수 있다.

두 번째 원료 - 대나무

예부터 대나무를 쪼갠 후 옹기에 넣고 열을 가해 대나무 기름을 내렸는데, 이것을 죽력竹瀝이라고 한다. 죽력은 각종 피부병, 화상, 고혈압, 동맥경화, 당뇨 등을 치료하는 약으로 사용되어 왔다.

천일염을 대나무에 잘 다져 넣고 불을 지피면 대나무의 죽력은 소금 속으로 배어들게 된다. 대나무 속의 미네랄이 소금 속으로 이동하게 되는 것이다.

죽염은 굽는 횟수에 따라 우리 몸에 필요한 원소인 철, 구리, 칼륨, 인, 아연 등의 원소가 서서히 증가하는 것을 확인할 수 있다. 즉, 죽염을 굽는 과정은 인체에 흡수가 가능한 대나무의 천연 미네랄을 소금 속으로 합성시키는 방법이다. 따라서 좋은 대나무는 죽염을 굽는 데 매우 중요한 원료 중의 하나다.

봄은 만물이 생장生長, 발육發育하는 때이고 가을은 열매를 맺고 영양분을 수렴收斂, 저장하는 시기이다. 대나무 역시 봄에 생장生長하므로 수분의 함량이 많아지고 무른 편이며, 가을에는 여러 가지 미네랄을 응축하기 시작한다. 그래서 죽염을 굽는 용도로 사용하는 대나무는 음력 10월~11월의 가을과 초겨울에 베는 것이 좋으며, 견고하고 미네랄이 많은 3년 이상 된 왕대나무를 사용하는 것을 으뜸으로 한다.

우리나라 대나무는 맹종죽孟宗竹, 왕대王竹[4], 분죽粉竹 등을 대표적으로 들 수 있는데 그중에 왕대는 마디가 길고 죽력을 많이 함유하고 있어서 죽염을 굽는 가장 좋은 원료로 활용된다.

세 번째 원료 - 황토

죽염을 굽는 과정에서 황토는 대나무의 입구를 막는 용도로 사용된다. 황토를 구성하고 있는 화학적 조성물은 이산화규소SiO_2, 알루미나Al_2O_3, 산화철Fe_2O_3, 탄산칼슘$CaCO_3$, 인산P_2O_5, 철Fe, 마그네슘Mg, 나트륨Na, 칼륨K, 망간Mn 등, 다량의 화합물과 무기질을 함유하고 있다. 이러한 성분은 죽염을 구울 때 발생되는 고열에 의해서 화학적 소성에 변화가 생기고 용융된 원소는 소금 속에 스며들게 된다. 뿐만 아니라 황토는 소금 속의 유해한 각종 독소를 해독하고 불순물

---

4 「한국산 왕대, 솜대, 맹종죽, 조릿대 및 오죽의 항산화 효과」를 연구한 논문에 따르면, 국내산 대나무 다섯 종의 줄기와 잎을 열수熱水 및 70% 에탄올로 추출하여 이들의 항산화 효과를 TEACTrolox Equivalent Antioxidant Capacity법을 이용하여 측정한 결과 다섯 종의 대나무 모두 높은 항산화 효과를 보였으나 왕대〉조릿대〉솜대〉맹종죽〉오죽의 순으로 TE 값이 높게 나타났다. 줄기와 잎을 비교하였을 때 잎보다 줄기의 항산화 효과가 높았으며, 열수 추출물에서의 항산화능이 70% 에탄올 추출물에서 보다 큰 것으로 나타났다. 한편, 왕대 70% 에탄올 추출물을 용매 극성별로 분획하여 항산화 효과를 측정한 결과 디클로로메탄〉에틸아세테이트〉부탄올〉물〉핵산의 순으로 TE 값이 높았는데 특히, 디클로로메탄층의 TE 값은 1.713으로서 다른 식물성 추출물보다 월등히 높은 것으로 나타났다.

을 정화해 주는 역할을 한다.

　가장 정결하면서도 깨끗한 황토를 사용해야 하며, 농약으로 오염될 소지가 있거나 민가民家가 가까운 곳의 흙은 가급적 피하는 것이 좋다. 정갈하지 못한 원료에서 자칫 해로운 원소가 혼입될 가능성이 있다면 죽염의 정상적인 미네랄 합성을 방해할 수 있기 때문이다. 가급적 황토는 깊은 산의 양지陽地에서 90cm 이상 판 후 사용해야 하며, 돌이나 기타 이물질이 섞여 있어서는 안 된다.

죽염을 구울 때
대나무 입구를 황토로 막는 2가지 이유

1. 미네랄과 황토의 기운을 소금에 합성하는 것이다

죽염 굽는 과정은 질 좋은 황토의 미네랄과 기氣를 소금 속에 인입하는 과정이다. 미네랄은 물에 녹는 수용성 미네랄도 있지만, 물에 녹지 않는 미네랄도 존재한다. 따라서 물에 황토를 푼 지장수를 황토 마개 대용代用으로 할 경우는 물에 녹지 않는 황토의 일부 미네랄은 그만큼 손실을 보게 된다. 황토를 물로 반죽한 후 마개로 사용하면 황토 속의 미네랄은 고온의 열에 녹아 소금에 그대로 합성된다.

2. 밥을 할 때 뚜껑을 덮는 것과 같은 원리이다

대나무에 쌀을 넣고 대통 밥을 할 때 한지로 그 입구를 봉한다. 그래야 쌀에 죽력이 은은하게 배이고 뜸이 잘 들게 된다. 황토로 입구를 봉함으로서 대나무의 죽력이 흘러 넘쳐 소실되는 것을 방지하게 되고, 밥에 뜸을 들이는 것과 같이 소금이 잘 구힐 수 있도록 도와준다.

죽염을 구울 때
물을 뿌리면 안 되는 2가지 이유

1. $E = mc^2$

　$E=mc^2$는 아인슈타인의 유명한 에너지 방정식이다. 에너지는 질량과 광속, 즉 빛의 제곱에 비례한다는 뜻이다. 죽염은 열을 가해서 에너지를 높이는 작업이다.

　죽염을 구우면서 소금가루가 날리지 않게 지장수 혹은 물을 뿌리는 것은 원소의 전자 활동성을 떨어뜨리고 빛을 약하게 해 에너지를 낮게 한다. 이것은 $E=mc^2$의 에너지 방정식에 역행하는 일이다. 습기가 많은 장소나 궂은 날에 죽염을 굽는 것도 바람직하지 않다.

2. 마른 땅에 기름이 더 잘 스며든다

　죽염은 대나무의 진액津液이 소금 속으로 스며들게 하는 과정이다. 죽염에 물이 뿌려져 있다면 대나무의 진액이 삼투압 현상으로 소금 속으로 스며들기가 그만큼 힘들다. 마른 흙에 물이 더 잘 스며들 수 있다는 것을 생각해보면 쉽게 이해될 것이다.

　또, 물과 기름은 서로 상극相克인데 소금 속의 물이 대나무 기름을 잘 배여 들지 못하게 방해를 한다. 소금 속으로 깊이 파고들지 못한 죽력은 그대로 타버릴 가능성이 있다.

네 번째 원료 - 소나무와 송진

죽염을 구울 때는 소나무와 송진으로 불을 때서 대나무를 서서히 태운다. 참나무도 있고 뽕나무도 있는데 왜 죽염을 굽는 데는 소나무만 사용하는 것일까? 그 이유는 소나무 속에 들어있는 송진 때문이다.

송진은 염증을 뽑아내고 새로운 살을 돋게 하는 생신生新작용이 뛰어난 물질이다. 한방에서는 고름이 생겼을 경우는 고약을 붙여서 염증을 뽑아낸다. 이 고약의 주성분 중의 하나가 송진이다. 새 살을 돋게 하고 염증을 제거하는 독특한 송진의 성질을 소금에 접목시키기 위해 반드시 소나무와 송진을 사용해야 한다.

송진의 연소반응은 대나무와 소금 그리고 황토의 여러 원소들이 새로운 화합물을 형성할 수 있도록 촉매제로서의 역할을 한다. 뿐만 아니라 마지막 9회째는 송진만을 사용해서 약 1,300℃ 이상의 고온을 만드는데, 이때 송진의 극강한 화력은 소금 속의 불순물을 없애고, 이온화 경향이 강한 원소로 변화시켜 인체 활성이 높은 미네랄로 만든다.

소나무는 겨울에 벌목해서 장작을 팬 후 비를 맞지 않게 말린다. 벤 소나무에 비를 맞히게 되면 빗물과 함께 송진이 씻겨나가므로 바람직하지 않다.

중국 명나라 본초학자 이시진李時珍이 지은 〈본초강목〉에 의하면「중국에서는 송진을 음력 6월에 채취한다. 중원中原에 소나무가 있으나 변방邊方의 것에 비해 질이 떨어진다」고 되어 있다. 여기에서 변방은 우리나라를 가리킨다.

우리나라의 토종 약재와 식물은 그 약성藥性이 매우 우수하지만, 현재 국내에 생산되는 송진은 생산량이 너무 부족해 죽염을 굽는 원료로 확보할 수 없는 실정이다. 중국, 베트남, 인도네시아 등에서 생산된 송진을 수입해서 사용한다.

송진을 채취하기 위해서는 소나무에 홈을 파서 그 액을 모은 후 이물질을 제거하고 증류하여 단단한 형태의 고체 송진과 휘발성이 강한 테레빈유油, Turpentine로 만든다. 죽염의 마지막 고열처리 공정인 9회째는 이 두 형태의 송진을 분말 또는 열을 가해 액상液狀으로 만들어 분사하면서 불을 붙여 고열을 만들어 소금을 용융한다.

소나무에 홈을 파서 송진수액을 모으는 장면(인도네시아)

다섯 번째 원료 - 죽염 굽는 로爐

송진을 원료로 하여 1,300℃ 이상 고열을 발생시킨 뒤 소금을 녹이는 기술은 송풍기가 없이는 불가능하며, 이 고온의 송진불을 견디기 위해서는 특수하게 제작한 죽염로가 필요하다.

인산 선생은 소금에 철정鐵精을 합성할 방법으로 죽염로는 쇠통으로 만들어서 사용해야 한다고 했을 뿐 구체적으로 재질에 대해서는 언급하지 않았다.

죽염로의 재질로 사용할 수 있는 철은 스테인리스처럼 니켈과 크롬을 합성해서 만든 특수강, 가마솥을 만드는 것처럼 쇳물을 녹여서 틀에 붓는 주철, 탄소의 양을 조절하거나 특수한 원소를 합성해서 만드는 탄소강, 불순물을 제거한 순수한 철로 이루어진 순철純鐵이 있다. 수없이 많은 철의 종류에서 어느 재질이 죽염을 만드는 특수로의 재질로 적합한지는 아직 알 수가 없다.

내열성耐熱性이 강하고, 소금 속의 원소의 균형을 깨뜨리지 않는 재질이라면 적합하다고 할 수 있을 것이다. 하지만 소금과 죽염로의 연관성을 밝힌다는 것은 현대 과학으로도 어려운 점이 있다.

죽염을 굽는다는 것은 죽염 속의 원소가 전자를 주고받으며 새로운 화합물을 형성하고, 각 원소의 전자의 수와 위치에 따라 에너지 준위Energy level가 변해야 한다. 이런 과정은 매우 강한 열을 통한 화학반응이며, 화학반응에는 여러 가지 촉매가 필요하다. 인체에 효소라는 촉매제가 있어서 단순한 물질을 생명 활동이 가능한 상태의 구조로 변화시키는 것과 같다.

소금이 용융상태에서 이온이 되고, 응고되면서 새로운 화합물과 미네랄이 합성된다. 이러한 화학 반응을 촉진할 수 있는 성질을 지닌 죽염로가 만들어져야 한다. 즉, 죽염을 구울 때는 백금이나 철같이 전자가 풍부한 금속판이 촉매제로 우수한 기능을 나타낼 수 있다.

황토로는 절연체에 가깝다 보니 전자의 이동이 자유로울 수 없다. 따라서 촉매제로 그 기능이 떨어질 수밖에 없다. 전자의 이동이 자유로우면서 열에 잘 견디는 성질을 띤 재질로 죽염 굽는 로를 제작하는 것이 적합하다.

앞으로 어떤 재질의 로를 사용해야 할 것인지에 보다 더 깊은 과학적인 연구가 필요하다.

죽염의 **원료** – 본초학적 고찰

가. 소금

소금大鹽은 달고 짜다. 본성이 차나 독이 없다. 장腸이나 위胃의 결열結熱 · 천역喘逆 · 흉중병胸中病은 사람으로 하여금 토하게 한다. 상한傷寒 · 한열寒熱에 쓴다. 흉중의 담벽痰壁을 토하게 하고, 심복졸통心腹卒痛을 그치게 한다. 귀고사주鬼蠱邪疰의 독기毒氣와 하부닉창下部䘌瘡을 죽인다. 피부와 뼈를 튼튼하게 한다.

풍사風邪를 제거하고 오물惡物을 토하거나 내리게 한다. 살충하며, 피부의 풍독風毒을 제거한다. 장부를 조화하며, 묵은 음식을 소화시킨다. 곽란癨亂 · 심통心痛 · 금창金瘡 · 풍루風淚를 치료하며 눈을 밝게 하고 일체의 충상蟲傷 · 창종瘡腫 · 화작창火灼瘡에 살이 나게 하고 피부를 보補한다. 대소변을 소통시켜주고, 산기疝氣를 치료하며, 오미五味를 증진시켜 준다. 공심空心, 빈속에 이齒를 문지르고 그 물로 눈을 씻으면 밤에도 잔글씨를 본다. 견권甄權, 독기를 풀어주고, 피를 청량하게 하며, 건조한 것을 윤활하게 한다. 일체의 시기時氣 · 풍열風熱 · 담음痰飮 · 관격關格의 여러 병에 토하게 한다.

[本草綱目]

註

결열結熱 : 그 계절에 맞지 않는 사기邪氣에 상하여 열사熱邪가 속으로 들어가 장부藏府의 기운과 얽혀 맺힌 것

천역喘逆 : 주기적으로 일어나는 호흡곤란의 병증

상한傷寒 : 추위로 인하여 생긴 병. 감기, 급성열병, 폐렴 따위

한열寒熱 : 오한惡寒과 발열發熱을 이르는 말

담벽痰壁 : 흉격간胸膈間의 수병水病

심복졸통心腹卒痛 : 심心과 복腹에 갑자기 통증이 발생하는 것을 말함

귀고사주鬼蠱邪疰 : 기생충

하부닉창下部䘌瘡 : 음창陰瘡, 질 농창膿瘡 따위

풍사風邪 : 바람이 병의 원인으로 작용한 것

풍독風毒 : 전이성轉移性 농종膿腫 또는 각기脚氣 따위

곽란癨亂 : 갑자기 토하고 설사泄瀉가 나며 고통苦痛이 심한 급성急性 위장병胃腸病

심통心痛 : 거통擧痛이라고도 하며 심장부위와 명치부위의 통증을 통틀어 이르는 말

금창金瘡 : 칼이나 도끼 등의 금속 물질에 의해 상처가 난 것이나 그 상처가 낫지 않
고 짓물러 터진 것

풍루風淚 : 눈물이 과다한 병증. 바람을 쐬면 눈물이 나는 병

충상蟲傷 : 뱀을 먹어 생긴 독이나 독충에게 물린 상처

창종瘡腫 : 헌데나 부스럼

화작창火灼瘡 : 화상

산기疝氣 : 고환이나 음낭 등의 질환을 통틀어 일컫는 말

견권甄權 : 소아가 놀라서 발작을 일으키는 것

시기時氣 : 사시四時의 기운에 맞지 않은 사기邪氣. 역병疫病을 말함

풍열風熱 : 풍사風邪와 열사熱邪가 겹친 것

담음痰飮 : 몸 안에 수습水濕이 운화되지 못하여 생긴 음飮, 묽은 가래 또는 물가래, 찬
가래

담痰 : 진한 가래 또는 불가래, 더운 가래을 말함

관격關格 : 소변을 못 보는 것과 구토하는 병증이 동시에 나타남

나. 황토

호황토好黃土

성질은 평하고 맛이 달고 독이 없다. 설사와 적리, 백리를 치료하고, 뱃속의 열독으로 인한 심한 통증을 치료한다. 모든 약독 및 고기를 먹고 일으킨 중독, 합구초독合口椒毒, 독버섯 중독 등을 풀어준다. 소나 말의 고기를 먹은 후 중독, 간중독肝中毒 등을 풀어준다. 지상부위에서 3자까지의 흙은 분糞이라 하고, 3자 이하를 토土라고 한다土三尺已上曰糞 三尺已下曰土. 당연히 위의 오물을 제거하고, 물기가 스며들지 않는 것을 좋은 황토라고 할 수 있다. 땅土地은 모든 독을 받아들이고, 옹저癰疽, 등창, 졸환卒患, 갑자기 생긴 황달로 열이 심한 증상을 다스린다.

적토赤土

실혈失血을 그치게 하며, 헛것에 들린 증세를 물리치며. 귀매鬼魅를 피하게 한다. 소와 말의 몸에 발라주면 온역溫疫을 피할 수 있다. 요즘의 호적토好赤土라 이른다.

[本草]

註

적리赤痢 : 유행성 또는 급성으로 발병하는 소화기 계통의 전염성 질환. 혈액이 섞인 설사를 일으키는 병

백리白痢 : 대변에 흰 곱이나 고름이 섞여 나오는 이질痢疾로 대장에 습열濕熱이 몰리거나 한습寒濕이 몰려서 생기는 증상임

합구초독合口椒毒 : 산초독으로 입이 다물린 증세

옹저癰疽 : 몸에 나쁜 기운의 침입으로 일어나는 상처나 부스럼, 종기의 총칭

졸환卒患 : 원인 모르게 갑자기 생긴 병

실혈失血 : 다량의 혈액이 출혈에 의하여 상실되어 혈액 순환에 변조가 나타난 상태

귀매鬼魅 : 도깨비, 두억시니 등으로 가위에 눌림

온역瘟疫 : 전염성 급성열병

다. 대나무

대나무의 죽력竹瀝은 사나운 중풍과 흉중대열胸中大熱, 번민煩悶과 갑자기 발병한 중풍으로 인한 실음불어失音不語와 담열혼미痰熱昏迷, 소갈消渴을 다스리고, 파상풍, 산후발열, 소아의 경간驚癇과 일체의 위급한 질병을 다스린다. 고죽력苦竹瀝은 구창口瘡을 다스리고 눈을 밝히고, 구규九竅를 통리通利하여 준다. 죽력은 생강즙이 아니면 경經에 운행하지 못하니, 죽력 6푼에 생강즙 1푼을 넣어 쓴다.

[東醫寶鑑]

註

번민煩悶 : 담에 실열實熱이 있어서 답답한 것

담열혼미痰熱昏迷 : 담열로 인해서 정신이 혼미昏迷하거나 맑지 못한 것, 혹은 인사불
　　　　　　　성人事不省한 것

소갈消渴 : 물이나 음식을 많이 섭취하는데도 오히려 몸은 마르고 소변량이 많아지는
　　　　　병증, 당뇨

경간驚癇 : 놀랐을 때에 발작하는 간질癎疾

구창口瘡 : 입안이 헐어 궤양潰瘍이 생기고 발열發熱, 통증痛證이 있는 병증임

구규九竅 : 인체의 아홉 구멍, 입, 눈, 코, 귀, 요도, 항문

경經 : 인체 내부의 경맥經脈과 낙맥絡脈을 총칭함

라. 송진

송지松脂는 맛은 쓰며 달다. 본성은 따뜻하며 독이 없다. 풍비風痹와 악풍나창惡風癩瘡과 아울러 두창痘瘡 · 백독白禿을 치료한다. 소나무의 진이 땅으로 흘러 엉겨서 된 것이다. 주로 악풍으로 인하여 역절위통逆節痿痛 · 사기死肌 · 옹저癰疽 · 소개瘙疥 · 두양頭瘍을 치료한다.

전고煎膏, 달여서 고약처럼 만듦로 만들어 제창누란諸瘡瘻爛에 붙이면 농膿이 배설되고, 피부가 생하고, 통증이 그치고, 풍風이 추출되고, 살충된다. 위장 속에 잠복한 열을 제거하고, 심폐를 윤택하게 하며, 진액을 생기게 하고, 소갈消渴을 그치게 하고, 치아를 견고하게 하며, 귀와 눈을 밝게 한다. 자보약滋補藥, 자양하고 보하는 약에 넣어 혼합하여 복용하면 양기陽氣가 건장하여지고 음경陰莖을 충실하게 하여 사람으로 하여금 자손을 두게 하고, 오래 복용하면 몸을 가볍게 하며, 나이를 연장시켜 준다.

[編註醫學入門]

註

풍비風痹 : 풍사風邪가 침입하여 몸과 팔다리가 마비되고 감각과 동작이 자유롭지 못한 병증

악풍나창惡風癩瘡 : 모진 풍병과 나병에 의한 창증

두창痘瘡 : 두창바이러스의 감염에 의한 급성 전염성 질환, 열이 나서 머리에 부스럼이 생기는 병증

백독白禿 : 백선균白癬菌에 의하여 생기는 전염성 피부병, 머리에 흰 잿빛 비듬반이 생기며 머리털이 빠지는 것

역절위통逆節痿痛 : 관절의 통증

사기死肌 : 죽은 피부

소개瘙疥 : 옴벌레로 전염되는 피부병

두양頭瘍 : 머리가 허는 병

제창누란諸瘡瘻爛 : 여러 창瘡이 생기고 피부에 고름이 나는 병

소금과 죽염의 **성분분석**

〈표 3-1〉

분석 : 한국화학융합시험연구원
천일염 시료 : 인천시 옹진군

단위 : ppm, mg/kg
죽염 시료 : 삼정죽염(제조일 : 2011. 1. 23)

	천일염	죽염(1회)	죽염(3회)	죽염(6회)	죽염(9회)
칼륨K	4780	3030	4850	7040	12280
인P	8	20	120	130	600
칼슘Ca	1800	2450	2730	2430	130
마그네슘Mg	15250	7490	6950	6790	45
규소Si	28	130	700	1120	14
철Fe	20	65	480	750	60
알루미늄Al	22	110	610	800	5
구리Cu	2	3	5	7	21
바륨Ba	1	2	9	17	40
바나듐V	4	4	7	9	11
망간Mn	11	13	37	49	3
아연Zn	1	1	5	7	3
티타늄Ti	불검출	3	22	30	0.2
비소As	0.02	0.02	0.06	0.9	1.0
황S	1840	2200	1580	1520	1320
황화물Sulfides	불검출	불검출	390	340	80

☐ 계속 줄어듦   ☐ 늘어나다 줄어듦   ☐ 계속 늘어남

　　본 분석표는 ICPInductively Coupled Plasma Mass Spectrometer라는 원소 분석기를 사용해 천일염과 죽염의 정량분석定量分析을 실시했으며, 유황성분은 탄소/황 분석기로 분석한 결과이며, 황화물[5]은 「쉽게 방출되는 황화물 측정법」에 의해 증류·포집하여 발색시켜 분석한 결과이다.

소금을 녹인 물에는 염소의 비율이 높기 때문에 염소의 간섭이 발생해서 똑같은 시료일지라도 정량분석의 결과는 조금씩 차이를 보였다. 또한, 시료 몇백 kg에서 단 10g~20g의 샘플을 채취해야 하므로 시료의 균질성을 확보하기 힘들었다. 반복 분석과 오랜 연구를 통해 더욱 정확한 결과를 얻을 수 있을 것으로 생각된다.

그리고 소금 속의 원소 상태와 죽염 속의 원소 상태가 어떻게 다른지도 연구해야 할 과제이다. 다음 페이지 〈표 3-2〉는 다른 날짜에 생산한 9회 죽염을 다른 기관에서 검사한 결과이며, 천일염의 시료는 위와 동일하지만 분석결과는 차이를 보인다.

성분분석 결과 9회 죽염은 칼륨, 인, 철, 구리 등의 미네랄 함량이 천일염보다 비교적 높았으며, 마그네슘은 9회 용융 처리 후 급격히 감소했다. 잘 알려진 것처럼 마그네슘은 간수를 구성하는 원소중에 하나다. 소금을 구우면 마그네슘 화합물 즉 간수가 제거되는 과정에서 마그네슘이 함량이 줄어든다. 특히 마그네슘은 불에 잘 타는 금속이라 죽염 굽는 과정의 강한 열처리 때문에 그 함량이 줄어든다. 마그네슘이 줄어드는 이유를 들어 죽염의 가치를 폄훼하려고 하는 이가 있는데 이것은 단순한 발상이다. 천일염에 마그네슘 함량이 많다고 천일염이 우수하다고 할 수 없는 이유는 마그네슘이 간수라는 마그네슘 화합물을 구성하는 원소이기 때문이다. 이 화합물의 조성을 깨뜨려 순수한 원소로 소금 속에 존재하게 해서 몸에 흡수되게 하는

---

5 황과 다른 원소와의 화합물을 통틀어 일컬음. 금속 황화물은 일반적으로 물에 잘 녹지 않으며 특유의 빛깔을 가진다. 알칼리 금속의 황화물은 물에 잘 녹음. 가수분해로 알칼리성을 띠냄. 대부분이 금속 및 셀레늄, 비소, 텔루륨, 인, 규소, 붕소, 탄소, 질소, 수소 등의 화합물이 알려져 있다.

분석 : 한국세라믹기술원   단위 ppm, mg/kg
천일염 시료 : 인천 옹진군 북도면 시도리   죽염 시료 : 삼정죽염(제조일 : 2011. 1. 31)

성분	천일염	죽염(9회)
칼륨K	4087	8870
인P	<1	449
칼슘Ca	2529	457
마그네슘Mg	21043	27
규소Si	168	50
철Fe	14	100
알루미늄Al	8	<1
구리Cu	<1	27
바륨Ba	<1	25
바나듐V	5	3
망간Mn	10	5
아연Zn	9	15
티타늄Ti	<1	<1
비소As	<1	1
게르마늄Ge	<1	<1
몰리브덴Mo	6	17
셀레늄Se	<1	14
백금Pt	<1	3
황S	14293	4895
스트론튬Sr	82	36
갈륨Ga	<1	<1
붕소B	45	12
리튬Li	5	3
코발트Co	<1	<1
플루오르F	<1	<1

☐ 줄어듦   ☐ 늘어남

것이 더욱 중요하다. 따라서 순수한 가치적인 측면에서 본다면 죽염 속의 마그네슘과 천일염의 마그네슘은 질적으로 다른 상태에 존재하는 미네랄이다. 마그네슘을 얻기 위해 간수를 퍼마시는 어리석은 행위를 할 사람은 없을 것으로 생각된다.

9회 죽염의 칼륨 함량은 12,280ppm, 8,870ppm 등으로 천일염보다 배 이상 양이 늘었는데, 대나무에 가장 많이 들어있는 칼륨 성분이 소금 속에 합성된 것으로 추정된다.

칼륨은 항抗고혈압성에 대해 많은 연구가 진행되고 있다. 칼륨은 나트륨과는 반대로 나트륨 칼륨 펌프의 활성화를 도와서 혈관 확장을 유도하여 혈압을 낮추며, 칼륨의 섭취가 증가할 경우 신장의 원위 세뇨관과 집합관에서 나트륨의 재흡수를 촉진시키는 알도스테론의 분비를 감소시키게 되면서 신장을 통한 나트륨의 배설이 증가된다.

죽염에 가장 많이 증가한 인p은 칼슘 다음으로 체내에 많이 존재하는 미네랄이다. 인체의 뼈와 치아를 생성하는 주요성분이며, 칼슘과 상호작용으로 뼈와 치아를 튼튼하게 한다.

황은 인체 조직에 다량으로 들어있는 미네랄 중 하나이다. 세포 단백질의 구성 성분이며, 모든 세포 내에 존재하며, 조직의 호흡작용에 기여한다. 생물적 산화 과정과 환원작용에 필수적인 글루타치온 Glutathion의 구성 성분이며, 중금속 중독에 대해 예방 역할을 하여 해독과정에 관여한다.

죽염에 약 14ppm 정도 검출된 셀레늄은 항抗산화효소의 구성성분이 되는 미네랄로 비타민 A, C, E와 공동으로 항산화제 기능을 발휘한다. 항산화제로 알려진 천연비타민 E의 1,970배, 합성 비타민의 2,940배 정도의 효능이 있다고 한다. 유해 금속의 독성을 억제하는 기능이 있다. 또한, 발암물질의 활성화를 막고 암세포의 성장을 억제한다고 알려지고 있다.

캐나다 밴쿠버 브리티시 컬럼비아 대학에서 시행한 의학 보고에 따르면 성인형 당뇨병이 발생했을 때 크롬과 바나듐을 복용함으로써 인슐린 투여를 현저하게 줄일 수 있다고 보고하였다. 크롬은 인슐린과 함께 세포에서 당 흡수와 이용을 잘하게 도와주는 역할을 하며, 크롬 결핍 시 인슐린 요구량이 증가한다.

죽염에 3~11ppm 함유된 바나듐은 성인 몸의 약 0.2㎎ 존재하며, 당뇨의 치료에 이용되면서 유명해졌다. 건강한 뼈와 연골, 치아의 형성에 필요하고, 세포 신진대사의 필수성분이다. 지질 대사에 관여하여 콜레스테롤의 합성을 저해하며 성장과 생식에도 필요한 성분이다.

죽염에 게르마늄은 1ppm 이하로 극미량 검출되었지만, 매우 우수한 인터페론의 유도체이고 체내의 축적작용이 없어 안전하며, 암 예방 및 면역요법에서 매우 중요한 물질로 관심의 대상이 되고 있다.

또 하나 죽염 속에 중요한 미량 미네랄의 하나가 백금인데, 죽염에 3ppm정도 함유되어 있다. 백금을 이용한 항암제는 매우 많은 종류가 개발된 상태이고, 화장품, 건강식품 등에 활용되고 있지만 인체에 미치는 영향은 자세히 연구되어 있지 않다.

인산 선생은 "소금 속에 무엇이 있느냐? 소금 속에 백금이 있어요. 소금 속의 백금 때문에 모든 석회질(미네랄)을 합성해. 그래서 석회질을 모아다가 뼈를 만들어. 그래서 뼈 만드는 작업은 소금 속에 있는 백금이 전부 해. 그래서 백금 기운이 왕래하는 걸 신경이라 한다. 또 백금 기운이 이뤄지는 곳인 뼈에는 손톱처럼 하얀 뼈라. 그건 백금 기운이 몇만 분의 일이 있기 때문에 그렇게 되는 거지, 그것이 없으면 석회질은 금방 삭아 버려요"라고 한 설명이 있다.

백금은 화학반응이 잘 일어나도록 하는 촉매제 역할을 하는데, 이 백금이 여러 미네랄을 합성한다는 이론은 대단히 합리적인 설명이라고 할 수 있다.

음식에 죽염을 넣어 먹음으로써 죽염 속의 백금이 음식 속의 여러 미네랄 합성을 촉진한다. 즉, 죽염은 음식에 들어있는 미네랄의 흡수율을 높이며, 미네랄의 운용運用과 합성을 촉진하는 촉매제의 역할을 훌륭히 수행할 수 있다.

죽염 속에는 철, 규소, 구리, 바나듐, 망간, 아연, 몰리브덴, 셀레늄, 백금, 스트론튬, 붕소, 리튬 등 인체에 꼭 필요한 미량 미네랄이 대부분 확인되었다.

이외에도 훨씬 많은 종류의 미량원소가 있을 것으로 추정되지만, 성분 분석에는 큰 비용과 시간이 소요되므로 성분 분석기관이나 의학 연구소 등의 관심 있는 연구가 요구되며, 반복분석을 통해 죽염 성분의 표준이 되는 데이터를 얻도록 노력해야 한다. 그뿐만 아니라 죽염에 함유된 미네랄이 인체의 생리적 기능에 미치는 영향이 다른 미네랄과 어떻게 다른지에 대해서도 지속적인 연구를 수행해야 한다.

소금에 들어있는 **나트륨과 염소의 무게**

필자가 연구소에 의뢰하여 죽염 속의 미네랄을 분석한 숫자는 25종, 나트륨과 염소를 포함하면 27종이 된다. 〈표 3-1〉〈표 3-2〉를 참조하면 미량 미네랄의 무게가 ppm단위로 표시되어 있으며 1kg

안에 들어있는 각 미네랄의 무게를 확인할 수 있다. 그런데 여기에 주요 미네랄인 나트륨과 염소는 빠져 있다. 성분분석에 사용된 기계 ICPinductively coupled plasma는 발광 분석법으로 각 미네랄이 가지고 있는 고유의 빛의 굴절율을 바탕으로 미량 미네랄을 읽어내는 장치이다. 미량 미네랄을 제외하고 나트륨과 염소를 EDSEnergy Dispersive Spectroscopy로 이 분석하면 아래와 같은 결과가 나온다.

시료 : 죽염, 시료제조일자 : 2011. 01.31
[EDS Area는 분광분석법으로 각각 다른 부분을 촬영한 것을 말함]   단위 : weight, %

Sample No.	Na	Cl
EDS Area 1	37.55	62.45
EDS Area 2	38.67	61.33
EDS Area 3	38.67	61.33
평균값	38.30	61.70

죽염 100g에는 평균 38.30g의 나트륨과 61.70g의 염소가 존재한다. 소금은 나트륨과 염소의 화합물이므로 나트륨 하나에 염소 하나가 붙어서 존재한다. 따라서 나트륨과 염소의 무게가 염화나트륨의 무게가 되며, 염소가 더 무겁기 때문에 전체 소금 무게의 약 60%는 염소가 차지한다.

참고로 세계보건기구WHO의 나트륨 권장 기준은 2.3g 이다. 여기에 염소 무게 3.55g을 더하면 5.85g이 되며, 2.5~3% 정도의 미량 미네랄 무게를 고려하면 소금의 무게는 약 6g이 된다. 즉, WHO의 나트륨 권장기준 2.3g은 소금 6g을 일컫는다. 나트륨 2.3g을 소금의 무게로 착각해서는 안 된다.

세계보건기구WHO의 소금 섭취 권장량은 소금의 종류를 구분하지 않고, 과학적 근거를 기반으로 하지 않았기 때문에 식문화가 다른 우리 민족이 그 기준치를 따라야 한다는 것은 매우 잘못되었다고 할 수 있다.

　소금 속의 미네랄의 함량을 구하기 위해서는 주기율표상에 있는 모든 원소를 정량분석한 후 이를 합산하여 그 함유량을 구해야 하므로 많은 비용과 시간을 투자해야 하며, 오차범위를 줄이기 위해 많은 반복실험을 해야 한다. 그런데도 일부 원소는 1ppm(㎎/㎏)이하로 존재하는 것이 많아서 이 존재량 이하의 정밀한 분석은 현대 과학으로도 쉽지 않다. 결론적으로 모든 미량 미네랄의 함량을 구한다는 것은 결코 쉬운 일이 아니며, 어쩌면 불가능에 가깝다.

　현재 필자가 분석한 소금과 죽염의 미네랄 양은 약 2.5~3% 정도인데, 이는 분석된 미량 미네랄의 무게를 합산해서 구한 양이다. 2001년 미국 네바다주의 생화학 연구소에서 분석한 암염에서 확인된 미네랄의 종류는 총 89종, 화합물 5종이며, 염화나트륨의 함량은 97.41%였다. 이 분석에서 암염이 가지고 있는 미량 미네랄 양은 약 2.6% 정도이다. 따라서 소금은 나트륨과 염소의 화합물이며, 수십종의 미량 미네랄을 가지고 있다는 사실을 분명히 인지해야 한다. (부록편에 암염 분석표가 있다)

소금 속의 **미량 미네랄**이 아주 미량이어서 **존재가치가 없을까?**

　자칭 '소금 전문가'라는 어떤 분이 소금 속 미량 미네랄은 그 양이 적어서 의미가 없다는 내용을 자기 도서에 설명하면서, 본 책의 성분 분석을 저작자의 동의 없이 활용하였다. 필자는 저작물을 무단으로 활용한 자칭 그 전문가에게 법정 다툼을 벌인 적이 있다.

몇 ppm씩 존재하는 미량 미네랄이 과연 소량이어서 그 존재 의미가 없을까? 아래는 몇 가지의 원소를 그 검출된 양으로 아보가드로수 계산법으로 원소의 숫자를 살펴보았다.

〈표 3-2〉의 죽염 분석으로 바탕으로 각 원소는 원자량과 아보가드로수를 적용하여 각 원소의 개수를 구함

	미네랄	죽염 10g에 들어있는 원소의 개수
주요 미네랄	나트륨	1.00×10^{23}
	염소	1.05×10^{23}
	칼슘	6.86×10^{19}
	마그네슘	6.76×10^{18}
	칼륨	1.37×10^{21}
	인	8.73×10^{19}
	황	9.19×10^{20}
미량 미네랄	철	1.08×10^{19}
	구리	2.56×10^{18}
	아연	1.38×10^{18}
	망간	5.48×10^{17}
	백금	9.26×10^{16}
	셀레늄	1.07×10^{18}
	바나듐	3.55×10^{17}
	규소	1.07×10^{19}
	몰리브덴	1.07×10^{18}
	스트론튬	2.47×10^{18}
	붕소	6.68×10^{18}
	리튬	2.60×10^{18}

셀레늄 14ppm은 죽염 10g 속에 0.14㎎이 존재할 뿐이지만 이것을 원소의 개수로 환산하면 107경이 된다. 즉, 우리의 인지로 가늠하기 힘든 숫자가 존재한다. 셀레늄의 원자반지름이 103피코미트PM인데, 죽염 속에 들어있는 셀레늄을 1열로 세우면 무려 220,000km의 길이가 된다. 이는 지구 둘레의 5바퀴 반에 해당한다.

셀레늄은 독성이 있는 미네랄로 인식되다가 1978년 이후부터 필수 미네랄로 알려지기 시작했다. 셀레늄 결핍과 관계된 병은 아래와 같다.

> 빈혈, 피로, 근력약화, 검버섯, 근육통, 척추측만증, 심근증心筋症 Cardio-myopathy, 심계항Heart Palpitations, 심방성부정박동Atrial fibrillation, 간경화증, 췌장염, 췌자위축, 불임, 저체중아출산, 높은 유아사망율, SIDSSudden Infant Death Syndrome, 낭포성 섬유종Cystic Fibrosis, 루게릭병, 다발성경화증Multiple sclerosis, 알츠하이머Alzheimer, 후천성 면역결핍증과 유아에 그 전염성 증가, 암에 걸릴 위험 크게 증가

'Salt your way to health'의 저자인 데이빗 브라운슈타운David Brownstein, MD. 박사는 셀레늄을 보충하여 48%의 폐암 감소효과, 63%의 전립선암 감소효과, 58%의 직장암 감소효과가 있다고 발표하였다.

음식물은 그것의 구성성분으로 분해가 되어야 우리 몸의 영양소로서 작용한다. 즉, 탄수화물은 포도당으로, 단백질은 아미노산으로, 지방은 지방산으로 분해되어 소화라는 과정을 그쳐야 우리 몸의 세포가 이용할 수 있다. 하지만 소금 속에 들어있는 영양소인 나트륨, 염소, 칼륨, 인, 아연, 구리 등은 녹아서 바로 이온상태의 원소가 되며

인체 구석구석에 도달하여 즉시 우리의 신진대사에 영향을 미친다.

피곤하고, 면역력이 저하되고 몸의 에너지가 떨어질 때 병원에서 생리 식염수인 0.9% 소금물 즉 링거를 이용하는 가장 기본적인 이유는 소금물이 우리 인체에 적정하게 공급되면 모든 생리적인 기능이 가장 활성화가 되기 때문이다.

소금은 우리 몸의 신진대사 기능을 원활히 하는 매우 중요한 물질일 뿐만 아니라 우리는 소금의 종류에 따라서 인체에 미치는 영향이 다르다는 사실을 명확히 인식해야 하고, 이제 국민 스스로 소금에 대한 정확한 이해를 바탕으로 바른 섭생을 찾으려는 노력을 시작해야 할 때이다. 미네랄의 중요성을 감안할 때 미량 미네랄이 풍부한 소금을 매일 먹는 것이 건강에 이로울 것이라는 결론을 도출하는 것은 어렵지 않다.

●
천연물 신약新藥으로서 가능성 지닌 죽염

현대의학의 노력에도 불구하고 각종 난치성 질병은 계속 증가하고 있으며, 100년에 걸친 암 연구도 한계에 부닥치고 있다.

일본인 의사 곤도는 90%의 암 환자는 현재 시술되고 있는 항암치료가 필요 없다는 의견을 내세워 일본 내에서 큰 반향反響을 불러일으켰다. 1997년 'New England journal of Medicine'지는 암과 싸움을 중단하자는 특집 기사를 실어 화제를 모았다. 많은 연구에도 불구하고 수십 년간 암 치료율은 전혀 개선되지 않았음을 솔직하게 시

인하고, 앞으로는 식사를 중심으로 한 예방의학 연구에 전력해야 한다고 주장했다.

대략 20년간 죽염은 다양한 환자와 사람들에게 활용되었다. 소금에 대한 관심이 턱없이 부족한 현실에도 불구하고 여러 대학에서 수십 편의 죽염관련 논문을 발표하였다.

'마늘과 죽염 제제가 흰쥐의 항산화 효소활성에 미치는 영향'에 대한 논문을 참조하면 아래와 같다.

「마늘과 죽염을 섞어서 섭취하게 했을 때 위장장애에 대한 효과는 방어효과와 치료 효과를 나타내며, 위장질환의 발병 자체를 억제하는 효과가 더욱 큰 것으로 나타났다. 위점막의 빠른 세포 신생新生과 짧은 점막 세포의 수명을 감안하면 위장 점막의 방어기전이 손상되기 전에 마늘과 죽염이 공급되어 방어기전의 유지를 가능케 하는 것이 좋은 대응법이라 사료된다.

죽염 수용액의 pH는 10정도로 알칼리성이며, 생체에 유용한 금속원소를 골고루 지니고 있다. 따라서 각종 보조효소의 활성화가 예상된다는 점, 마늘 자체가 살균작용을 나타낸다는 점, 마늘과 죽염이 모두 독성이나 부작용이 거의 없다는 점을 감안하면 새로운 제제製劑로서의 개발 가능성이 높은 것으로 사료된다.」

이는 죽염 식품과 혼용되어 우수한 치료 효과를 입증한 예이다. 눈병에는 안약의 용도로, 비염·축농증·아토피에는 세척과 소독 용도로, 마늘과 죽염 및 기타 기능성 식품과 혼용混用하여 질병 치료에 도움이 되는 신약으로 개발이 가능하다. 특히, 죽염이 가진 특징 중의 하나는 세균증식 억제 또는 살균과 염증 감소 효과가 우수하다는 것이 여러 건의 논문을 통해 입증되었다.

인산 선생은 책에서 또 이렇게 밝힌다.

「죽염주사는 두 가지가 있다. 하나는 피부에 주사하고 하나는 혈관에 주사하는데 혈관주사는 혈청血清 주사법이다. 혈청 주사약은 섭씨 오천도 이상 고열로 처리하면 염성鹽性이 약화되어 짠맛이 적고 짠맛이 적으면 자극성도 약하고 지혈止血하는 효능도 약하여 협심증도 생기지 않고 심장마비를 일으킬 염려도 없고 청혈清血에 신비하다」

이렇게 인산 선생은 죽염을 혈관주사 또는 국소局所 주사용 및 항암제의 개발도 가능함을 시사示唆하였다.

노벨문학상을 수상한 영국의 철학자 버트러드 러셀Bertrand Arthur William Russell의 '인간은 자기 내면에 광대한 우주를 비추는 위대한 능력을 가지고 있다'는 말처럼, 인간의 지혜는 과학이 모르는 미지의 분야를 개척하기도 한다.

의료 산업은 인류의 질병 해결과 직결된 부분인 만큼 그 파급효과가 큰 미래 산업이다. 선인仙人의 지혜로 창조된 죽염은 식품과 의학에 모두 필요한 차세대 물질이다. 우리에게 주어진 무궁무진한 보배가 이 땅에 있다는 것을 깨닫고 보다 국가적인 차원에서 관심을 가지고 연구를 거듭해야 한다.

●
죽염을 굽는 데는
원리를 이해하고 원칙을 지켜야 한다

우리나라 천일염은 수확시기와 수확방법 그리고 서해 연안의 각 지역에 따라 천일염의 미네랄 함량이 다를 수 있다. 질 좋은 죽염을 생산하기 위해서는 우선 미네랄이 풍부한 질 좋은 소금을 준비하는 노력을 기울여야 한다. 흙이라고 해서 앞마당의 흙을 파서 사용할 수도 없고, 대나무라고 해도 계절에 따라 차이가 날 수 있다는 사실을 인식해야 한다. 소나무는 가을, 겨울에 쪼갠 후 비를 맞지 않게 말려야 한다.

죽염을 굽는 마지막 9회 작업은 유체역학, 열역학, 화학 및 기계역학 등의 모든 공학기술을 총망라하는 연구를 필요로 한다. 오랜 연구를 통해 매우 좋은 불의 상태를 얻을 때 품질이 뛰어난 죽염을 얻을 수 있다.

또 한 가지 빠뜨릴 수 없는 것은 죽염을 굽는 장소이다. 죽염을 굽는 데는 고온의 송진 불이 필요하고 에너지 교환 및 화학반응이 잘 진행될 수 있도록 맑은 공기와 넓은 공간이 필요하다.

9회 용융작업은 1,300℃를 넘나드는 매우 고열의 특수한 환경이며, 이 고열에 의해 자기장磁氣場이 형성된다. 죽염 굽는 공간은 벽을 낮게 세우고 천장은 비가림만 해서 큰 자기장이 형성될 수 있도록 온 사방이 툭 트이게 건축물의 구조물 또한 간결하게 설계해야 한다. 그래서 자연스러운 자기장 형성을 방해하지 않아야 한다. 즉, 죽염로는 생물체의 피부에 비유할 수 있으며 대기와 호흡을 해야 한다.

죽염을 만드는 것은 농사를 짓는 것과 똑같은 이치다. 소금이라는 씨앗을 황토, 대나무, 송진을 이용하여 죽염이라는 전혀 새로운 물질로 수확하는 작업이다.

죽염을 만든다는 것은 소금의 분자구조를 변화시키고, 소금 속의 여러 원소를 우리 몸에 활성이 높은 미네랄로 만드는 일이다. 뿐만 아니라 약리적인 성질을 띤 새로운 미네랄을 합성하는 방법이기도 하다.

따라서 죽염을 굽는 데는 원리를 잘 이해하고 원칙을 지켜야 한다. 철저한 원료의 준비와 우수한 기술 그리고 장인匠人의 정신이 있을 때 질 좋은 죽염이 탄생할 수 있을 것이다.

대나무에 소금을 넣고 굽는 것은 대단히 원시적인 방법이다. 기계 자동화가 상당히 어려워서 대부분 힘든 노역을 그대로 감당해야 한다.

'이래서 어떻게 5천만이 먹을 수 있는 죽염을 만드는가?' '더 나아가서 세계인이 어떻게 이용할 수 있겠는가?'고 생각할지 모른다. 번거롭고 효율도 적은데 '대나무와 솔잎을 대충 섞고, 굳이 비싼 송진을 사용할 필요가 있는가? 그냥 가스로 하자'라고 하면 곤란하다. 그렇다면 휘발유나 석유 또는 전기로 죽염을 구워도 되겠다는 기막힌 발상을 하지 않을 사람이 어디 또 없겠는가.

소금과 대나무의 미네랄을 합성하는 과정에서 송진의 연소반응이 필요하다는 것은 죽염의 창시자인 인산 선생이 세운 원칙이다. 언젠가는 이 원칙보다 더 나은 방법과 결과물을 제시할 수 있는 우수한 과학적 방법이 나올지도 모르겠다.

하지만 현재로서는 죽염 굽는 과정을 통해 변화되는 화학적 조성물 및 물질의 상태조차 깊이 연구되지 않았다. 아직 죽염은 과학이 모두 설명할 수 없는 미지未知의 분야이다. 따라서 창시자의 원리를 이해하고 원칙을 따르는 것이 마땅하다고 할 수 있다.

죽염관련 논문 요약

○ 하버드 의과대학의 검증

미국에서 죽염의 안전성을 처음 검증한 곳은 1995년 미국 하버드대 데이너 파버Dana-Farber 암 연구센터 암 약물 학부學府이다. 「인산 죽염의 유독성 여부와 항종양 작용 연구에 대한 최종보고서」에서 「죽염은 순수 소금, 염화나트륨NaCl이 아니다. 필수 미네랄이 매우 풍부한 미네랄 소금이다. 죽염을 매일 10~30g을 섭취한다고 해도 일일 권장 필수 미네랄의 범위를 벗어나는 수준이 아니다.

항암 효능이 있다. 타 화학 물질에 비해 항암 효능 수치가 낮아서 항암 치료에 반드시 기여할 수 있는 것으로 판단되지는 않는다. 일반소금과 달리 과다 복용 시에도 위와 장의 점막을 전혀 손상시키지 않는 포용력이 높은 소금이다. 죽염의 pH 레벨은 알칼리성이며, 이 성질이 죽염의 무해성無害性을 도와주는 것으로 판단된다」고 보고했다.

○ 중국에서의 효능 입증

중국 중의中醫 연구원 왕기 교수는 1993년 「한국 인산 죽염 임상 및 기초실험 연구 보고」 논문집에서 위염, 위궤양, 십이지장궤양, 결장염 등 환자 87명에게 매일 3회, 매회 2g을 온수 또는 생강, 대추를 달인 물로 복용시킨 결과 91.95%의 총 유효율을 보였다고 발표했다.

이 논문에서 21명은 궤양이 완전히 없어졌으며, 29명은 궤양의 증상이 거의 없어지고 식욕이 현저히 개선되었으며, 30명은 어느 정도 호전되었고, 7명은 효과가 없었다.

위내시경 확인 결과 병리치료 효과는 83.9%의 유효율을 보였으며, 20명은 위염, 궤양 등이 없어지고, 26명이 위염, 궤양이 대부분 사라졌으며, 27명이 위염, 궤양이 감소되었으며, 14명이 효과가 없었다.

연안 의학원 고흠영 부교수는 15명의 천표성淺表性 위염, 위축성 위염, 위 십이지장 궤양 등에 매일 3~4회, 매회 1.5~2g, 25~35일 복용한 결과 임상치료 효과에서 93.3%의 유효율을 보였고, 위내시경 병리 치료 효과에서 86.7%의 유효율을 보였다고 발표했다.

○ 김영희 교수 논문

「마늘-죽염 제제가 위장 장애 유발 흰쥐의 항산화 효소 활성에 미치는 영향」에서 마늘-죽염 혼합제제의 액체를 7일간 위장장애를 유발한 동물 모델에게 5~7일간 투여하였다. 위 손상 후 마늘-죽염 혼합제제를 투여하여 위장장애 유발 군群에 비해 수종水腫, 미란糜爛, 발적發赤, 혈흔血痕, 혈관 팽대膨大, 궤양潰瘍 등의 손상이 감소하는 것을 관찰할 수 있었다.

항산화효소 활성실험을 한 결과 유해산소를 제거하는 SOD 효소가 정상 수준의 94.52%, 해독작용을 나타내는 글루타치온GSH[6] 효소가 94.3%로 회복되었다는 것이다.

이는 마늘-죽염의 위장장애에 대한 효과는 방어 효과와 치료 효과를 나타내며, 위장 질환의 발병 자체를 억제하는 효과가 더욱 큰것으로 나타났다고 발표했다.

○ 경희대 한의대 김형민 교수 연구

가. 죽염은 국소 피부 알레르기 반응을 억제한다.

실험동물에 수동적으로 자극물질을 주입한 후 해당 항원의 야기惹起에 의한 비만세포로부터 히스타민[7]과 같은 화학적 매개물질의 방출 유도로 혈관 벽의 투과성 증가 등에 따른 국소 피부 알레르기 반응을 일으켜 죽염의 효과를 확인한 결과 죽염은 농도 의존적인 억제율을 나타냈다. 죽염 0.1g/kg과 1g/kg 투여 군群에서는 각각 24.3%, 52.2%의 억제율을 나타냈다.

나. 죽염은 히스타민의 방출을 억제한다.

생체 외 실험으로 비만세포로부터 히스타민 방출 억제 효과를 분석한 실험에서도 죽염은 농도 의존적 효과를 나타냈으며, 1mg/㎖에서는 현저한 억제 효과를 나타냈다. 반면에 대조군으로 사용한 염화나트륨NaCl 처리 군에서는 효과가 관찰되지 않았다.

이런 결과는 죽염이 자극물질IgE, immuno globulin E[8]에 의해 불안

---

6 글루타치온Glutathion은 시스테인Systein, 글루타믹에시드Glutamic acid, 글리신Glycine 이 세 개의 아미노산으로 구성된 작은 단백질로서 유황을 함유하고 있으며, 강력한 항산화와 해독작용을 한다. 세포 내 글루타치온 농도가 낮으면 죽음을 의미한다. 에이즈에 의한 사망자는 글루타치온 농도가 매우 낮은 사람이다. 글루타치온은 활성산소, 방사선, 화학요법, 알콜, 기타독성물질에 의해 손상된 세포조직을 포호해 주며, 중금속이나 약물을 해독해 간질환을 예방하고 치료한다. 글루타치온이 부족할 경우 천식, 류머티스 관절염, 자가 면역 질환 등 만성염증성 질환이 생긴다. 항암작용, 항염작용, 간해독작용, 면역증대, 심장질환을 억제하는 작용이 있다. 글루타치온의 수치는 나이와 함께 줄어들며, 그 결과 노화가 촉진된다.

7 히스타민Histamine : 신체가 스트레스를 받거나 염증, 알레르기가 있을 때 신체조직에서 분비되는 유기 물질

8 자극물질 IgE는 알레르기에 관여하는 면역 글로불린이다. 즉, 몸 안에 알레르기를 일으키는 틈진이 들어오면 IgF가 많이 늘어나게 되어 두드러기나 기타 반응이 일어나게 되는 것이다. 즉, 알레르기가 있으면 전신적 혹은 국소적으로 IgE가 증가한다.

정해진 비만세포막을 보호하는 약리 기전으로 여러 알레르기 반응을 억제하는 것을 의미한다.

결론적으로 본 연구에서 얻어진 결과는 죽염이 생체 내외에서 알레르기 반응을 억제한다는 사실을 제시해 주고 있다.

○ 계명대 생화학과 류효익 교수 논문

계명대 생화학과 류효익 교수는 논문에서 일반인 14명을 대상으로 하루 15g씩 8주간 죽염을 섭취케 한 결과 혈압에 유의할 만한 영향을 주지 않았다. 오히려 저혈압과 고혈압을 최적 혈압으로 맞춰준 사례도 나타났다고 보고했다. 또 죽염 장기 복용자는 위장 속 헬리코박터균 수가 줄고, 입속 미생물을 억제하는 것으로 나타나 위장병이나 잇몸(치주) 질환 예방에 효과가 있음을 입증했다.

류 교수는 "죽염은 분자 크기가 소금의 10분의 1인 3백~6백 Å(옹스트롬, 1 Å =0.00000008cm)밖에 안 돼 세포막 간의 이동이 쉬운 것이 특징"이라고 설명했다. 분자 구조가 큰 소금은 혈관 내에 체류하면서 수분을 끌어당기지만 분자 구조가 작은 죽염은 생체 내 흡수와 배설이 잘돼 혈압에 영향을 미치지 않는다는 것이다. 또 죽염은 소금보다 나트륨이 적고, 혈압을 떨어뜨리는 칼륨이나 칼슘이 많다는 것도 한 이유로 설명된다.

○ 북경 섬유대의 김명관 교수

북경 섬유 대학 화학과 김명관 교수는 「한국 인산 죽염의 물리화학적 특성 연구 보고 논문집」에서 소금과 죽염의 전도율 및 죽염구조를 연구하였다.

가. 죽염은 세포막을 쉽게 통과한다.

물에 1%~30%의 농도로 죽염을 용해시키고 25℃에서 전도율을 측정해본 결과 일반 소금 및 정제염에 비해 죽염의 전도도傳導度, Conductivity가 낮음을 확인하였다. 전도도가 낮은 약물은 세포막을 잘 통과하고, 전도도가 큰 약물은 세포막을 통과하기 어렵다. 즉, 약물 운동학에 근거하여 관찰해보면 죽염은 소금보다 쉽게 세포막을 통과하여 빨리 치료될 자리에 도착하여 좋은 약리 효과를 나타낸다.

나. 소금과 죽염의 구조연구

물질구조연구에서 X선 회절법, 전자현미경법으로 죽염구조를 연구한 결과 죽염과 소금은 같지 않은 구조를 가지고 있다는 것을 확인하였다.

보통 염화나트륨NaCl은 구조학적으로 보게 되면 입방체 구조를 가지고 있다. 그런데 X광 측성을 해보게 되믄 죽염은 입빙체에시 좀 떨어져 있고 조금 경사된 각도를 가지고 있다.

소금의 결정結晶 크기는 대략 3,000~7,000Å이다. 죽염 결정의 크기는 소금 보다 약 10배 작다. 그리고 죽염 결정체結晶體에서 결정격자結晶格子에 변화가 발생하였다. 결정격자 변화는 죽염의 구조가 준안정상태의 에너지가 높은 상태에 있다는 것을 설명한다. 자기화율磁氣化率과 에너지 방정식으로 살펴보아도 죽염은 가공횟수에 따라 점차 에너지가 증가된다. 즉, 죽염은 소금보다 높은 에너지 상태에 있는 물질이다. 에너지가 높다는 건 제내에서 활농알 때 상낭이 활동성이 강하다는 것을 말한다.

물질의 구조가 물질의 성질을 결정한다. 죽염은 시장에 팔고 있는 소금과는 완전히 다른 물질이다.

다. 죽염의 효과

죽염은 높은 알칼리성을 가지고 있고, 소금은 중성을 나타낸다. 인체 내의 pH 분포를 보면 위액은 산성이다. 위장병 환자들의 대부분은 산액이 너무 많아서 산액을 토할 때가 많다. 죽염은 알칼리성을 띠고 있으므로 알칼리성 죽염과 산성 위액은 인체 내에서 중화中和 반응하여 많은 위액을 없애고 인체 내에서 새로운 산-알칼리 평형을 형성하므로 병을 치료하게 된다.

○ 한양대 동물실험 논문

쥐에 살모넬라균을 증식시킨 뒤 정제염, 구운 소금, 수입염, 천일염, 죽염 등의 항균 능력을 살펴보았는데, 이 중에서 죽염의 항균력이 가장 높은 것으로 증명되었다. 죽염의 항균력은 다량의 금속이온과 낮은 ORP산화 환원 전위에 의한 것으로 보인다. 살모넬라균과 그램음성세균gram negative bacteria은 약산성 또는 중성의 환경을 좋아한다. 정제염, 천일염, 수입염 등의 pH가 산성이면 죽염은 알칼리 상태이다. 죽염의 알칼리 성질이 항균성을 높이는 또 하나의 요인이 될 수 있는 것이다.

결론적으로 죽염은 천연 항균제로 사용될 수 있다. 항균성을 가지고 있다는 것은 기능성 식품의 성분으로 활용될 수 있다는 것을 의미한다.

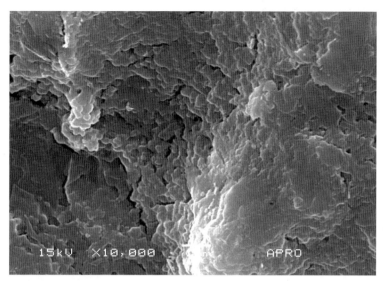

천일염 1만 배 확대사진

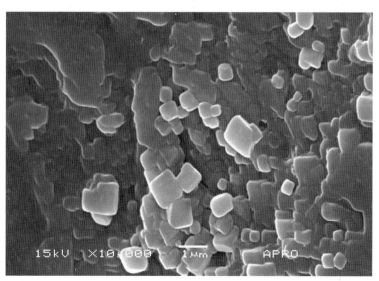

죽염 1만 배 확대사진.
신사언니킹으로 죽염구조를 연구한 결과 죽염과 소금은 매우 다른 구조로 되어있다는 것은
알 수 있었다.

죽염의

제조과정

```
01
   02
      03
```

죽염의 원료

01 / 염전바닥에 소금이 결정結晶되는 모습

02 / 소금이 결정結晶되면 대파질을 해서
소금을 모은다. 세계 어느 나라보다도
미네랄이 풍부하게 함유된 서해안 염
전에서 소금을 채취하는 모습

03 / 포대에 담은 소금

04

05

죽염의 원료

04 / 3년 이상 된 왕대나무를 준비한다.

05 / 대나무를 적당한 크기로 자른다. 한쪽 마디는 막히게 다른 쪽 마디는 뚫리게 자른다. 자른 대나무 가운데 종이처럼 보이는 것이 유황 성분이 많은 竹黃이다.

죽염의 원료

06 / 대나무 입구를 봉할 황토를
     깊은 산에서 채취한다.
07 / 황토를 기계에 넣고 반죽한다.

08 09
10

죽염 제조과정

08 / 왕대에 천일염을 다져 넣는다.
09 / 대나무 입구를 황토로 봉한다.
10 / 철로 만든 죽염로에 소금이 다져진 대나무를 차곡차곡 담는다.

11	
	12
13	14
	15

죽염 제조과정

11 / 소나무 장작으로 불을 땐다.

12 / 대나무가 타면서 소금기둥이 열을 받아 벌겋게 달궈진다.

13 / 대나무는 타서 재가 되고, 소금기둥만 남는다. 이 소금기둥을 분쇄기에 넣고 분말한 후 다시 대나무통에 담고 태우기를 8회 반복한다.

14 / 죽염 덩어리는 여러 번 굽는 과정에서 더욱 단단하게 된다.

15 / 9회 융용에서 사용하는 송진 덩어리, 분말 또는 녹여서 사용한다.

죽염 제조과정

16 / 마지막 9회째는 특수하게 제작한 쇠가마
  에 넣고 송진불을 1300℃ 이상 높여 죽
  염을 용융한다.

17 / 죽염이 녹아서 용암처럼 흘러나오는 장면

18 / 죽염이 완전한 용액상태에서 숯과 흙 등
  은 아래로 가라앉는다.

19 / 용융된 죽염이 식고 있는 과정. 완전히 식
  으면 돌처럼 딱딱해진다.

죽염 제조과정

20 / 완전히 굳으면 뒤집어서 죽염을
　　 꺼낸다.

21 / 안쪽에는 동굴처럼 공간이 생기
　　 면서 응고된다.

22 / 완성된 죽염 결정의 모습. 수정같
　　 이 여러 형태의 모양이 생긴다.

23 / 죽염 결정을 분쇄하여 알갱이 또
　　 는 분말을 만든다.

Part 4

활성산소와
죽염의 실험

죽염은 지구상에서
환원력이 가장 강한 식품이다.

활성산소[9]란?

대기오염과 농산물의 농약 오염, 화학물질이 첨가된 식품, 염소가 스스로 소독된 수돗물, 스트레스, 자외선, 방사선, 우리 몸에 존재하지 않는 합성화학물질 등은 신진대사 과정 중 불안정한 산소가 발생한다. 우리가 호흡하는 산소와 다르게 화학 구조적으로 불안정한 상태로 변종이 된 것을 활성산소라고 하며, 우리가 마시는 산소의 약 1~2% 정도가 활성산소로 변하게 된다.

활성산소는 체내에 침입한 세균을 백혈구가 죽일 때 사용하는 무기로 유익하게 활용되기도 하지만 발생량이 과잉되면 무차별적으로 세포 등을 공격해서 몸에 악영향을 끼치게 된다. 이렇게 되면 세포막, DNA, 그 외의 모든 세포 구조가 손상당하고 손상의 범위에 따라 세포가 기능을 잃거나 변질된다.

뿐만 아니라 몸속의 여러 아미노산을 산화시켜 단백질의 기능 저하도 가져온다. 그리고 핵산을 손상해 핵산 염기의 변형과 유리遊離, 결합의 절단, 당의 산화 분해 등을 일으켜 돌연변이나 암의 원인이 되며, 생리적 기능이 저하되어 각종 질병과 노화의 원인이 되기

---

9 산소가 전자를 한 개 얻으면 슈퍼옥사이드O_2^-, $O_2 + e^-$(전자) → O_2^-가 되며, 전자가 두 개 공급되면 조그만 자극을 받아도 불안정한 전자로 변하는 과산화수소H_2O_2 등이 대표적인 활성산소이다.
이외에도 DNA, 단백질, 지질을 공격하는 히드록시 라디칼OH^-은 각종 암이나 성인병, 노화의 원인이 되는 가장 반응이 강한 활성산소이다.
싱글레트 옥시젠$^1O_2$은 산소원자의 한족 편 제4궤도상에 있는 1개의 전자가 다른 한쪽의 제4궤도상으로 들어가는 것이며 홑전자를 갖지 않는다. 전자를 갖지 않는 궤도가 있기 때문에 산화력이 강한 활성산소로 작용한다. 방사선이나 자외선의 공격을 받으면 체내에서 대량으로 발생되며 피부암을 일으키는 매우 위험한 활성산소이다.

도 한다.

현대인의 질병 중 약 90%가 활성산소와 관련이 있다고 알려졌으며 구체적으로 암, 동맥경화, 당뇨, 뇌졸중, 심근경색증, 간염, 신장염, 아토피, 파킨슨병 등의 질병이 유발될 수 있다.

현재 지구 상에는 약 500만~600만 종류의 합성 화학 물질이 생성되어 있다고 한다. 우리 몸 안에 존재하지 않는 이물질이 급격히 우리의 몸속으로 들어오고 있다. 게다가 각종 농산물 및 식품에는 항산화 효소의 원료가 되는 미네랄의 양이 줄어들고 있다.

즉, 현대는 활성산소가 과다하게 발생되는 상황이고, 미네랄 부족으로 활성산소를 제거하는 효소는 원활하게 만들어지기 어려운 구조가 되었다. 현대인들이 건강을 유지한다는 것이 실로 어렵고 위기에 봉착했다고 해도 과언이 아니다.

●
산화酸化와 환원還元

동전은 구리로 만들어져 있는데 산소와 반응해 녹이 슬게 되는 것을 산화酸化[10]라고 한다. 동전의 녹을 없애기 위해 수소가스 속에 녹슨 동전을 넣으면 녹슨 구리는 수소와 반응해 산소가 제거되면서 반짝이는 동전으로 돌아가게 된다. 이것을 환원還元[11]이라고 한다.

〈철의 산화 환원 반응〉
10 철이 산소와 반응해 녹이 스는 과정은 아래와 같다.
산화철(Ⅱ) $2Fe$(철) $+ O_2$(산소) $\rightarrow 2FeO$(산화제일철)
산화철(Ⅲ) $4Fe + 3O_2 \rightarrow 2Fe_2O_3$(산화제이철)

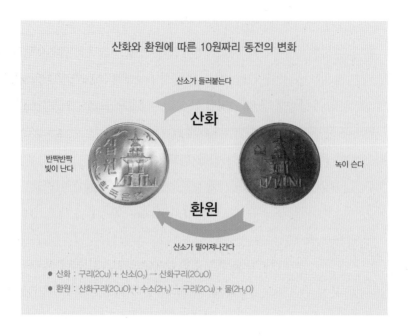

산화와 환원에 따른 10원짜리 동전의 변화

산소가 들러붙는다

산화

반짝반짝
빛이 난다

녹이 슨다

환원

산소가 떨어져나간다

- 산화 : 구리($2Cu$) + 산소(O_2) → 산화구리($2CuO$)
- 환원 : 산화구리($2CuO$) + 수소($2H_2$) → 구리($2Cu$) + 물($2H_2O$)

　　체내에 노폐물이나 독소가 축적되어 활성산소 및 질병을 일으키는 것을 산화酸化라고 하며, 축적된 노폐물과 독소를 제거하여 생명을 건강하게 하는 반응을 환원還元이라고 한다.

　　농약으로 오염된 농산물, 색소나 방부제 등의 첨가물이 들어 있는 가공식품, 약 및 화학물질을 통틀어 「산화제酸化劑」라고 하며, 몸 안의 노폐물이나 독소를 제거하는 것을 「환원제還元劑」라고 한다. 그런데 유감스럽게도, 이 환원제는 산화제에 비해 극히 적은 것이 지금 우리의 현실이다.

〈철의 산화 환원 반응〉
11　녹슨 철이 환원되는 과정은 아래와 같다.
　　$Fe_2O_3 + 3H_2 → 2Fe + 3H_2O$
　　$2FeO + Si → 2Fe + SiO_2$
　　$2FeO + Mn → 2Fe + MnO_2$ 등이 있다.

죽염, 천일염, 정제염의 **산화 환원 실험**

물 200㎖에 20g의 죽염, 천일염, 정제염을 넣어 약 10%의 농도를 만든 시료 3개를 준비하였다. 시료에 녹슨 못을 담아 3일 동안 그 결과를 살펴보았다.

죽염, 천일염, 정제염을 각 20g씩 준비한다.

죽염   천일염   정제염

물 200㎖를 부어 약 10% 농도의 용액을 만든다. 죽염을 녹인 물은 연한 푸른빛을 띠고, 천일염은 정제염보다 약간 탁한 빛을 띤다.

녹슨 못을 담그고 관찰한다.

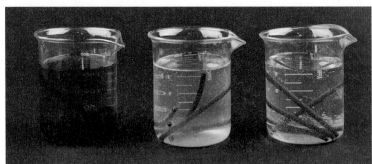

[10분 경과 후] 죽염수 속에는 못의 녹슨 부분이 검게 닦여 나오면서 환원되는 모습을 보이지만 천일염, 정제염은 특별한 변화가 없다.

[9시간 경과 후] 죽염수에는 녹슨 못이 닦여 나와 물이 검게 변했다. 천일염과 정제염은 오히려 못의 녹이 노랗게 슬기 시작했다.

[1일 경과 후] 죽염수 속에서는 못의 녹이 닦여 나온 뒤 물이 맑게 변했고, 비커 뒷면의 숫자와 눈금을 선명하게 확인힐 수 있었다. 천일염에는 못의 녹이 일부 닦여 니오면서 물의 색이 노랗게 진행되었다. 정제염은 계속 녹슬기만 했을 뿐 어떤 변화도 관찰되지 않았다.

[2일 경과 후] 죽염수는 큰 변화가 없었고, 천일염, 정제염은 계속 산화가 진행되었다.

[3일 경과 후] 죽염수는 역시 큰 변화가 없었다. 그리고 천일염과 정제염의 산화 특징이 매우 다름을 확인할 수 있었다. 천일염은 못 일부분이 닦여 나왔지만 물이 노랗게 산화된 반면, 정제염은 못에 녹이 매우 두텁게 앉았다.

이처럼 죽염은 환원반응이 일어나고, 천일염, 정제염은 산화반응이 일어나는 이유는 무엇일까? 죽염이 물에 녹으면서 생기는 수소이온H^+과 규소Si와 망간Mn 등의 이온화된 여러 미네랄이 못의 녹을 벗겨 내고 환원시켰다.

천일염에도 많은 미네랄이 있지만 죽염처럼 환원반응을 보이지 않는 것은 천일염을 물에 녹여도 천일염 속의 미네랄은 전자를 줄 수 있는 상태가 되지 않기 때문에 환원 반응을 일으키지 않음을 뜻한다.

산화 환원 전위ORP, Oxidation Reduction Potential

산화력과 환원력을 구분하는 기준을 나타낸 것으로 ORP Oxidation Reduction Potential, 산화 환원 전위 테스트라는 계측기를 사용하고 있다. 여러 종류의 식품이나 물질을 액체로 용액화해서 각각의 산화력,

환원력을 측정하여 ㎷라는 전위電位로 표시한다.

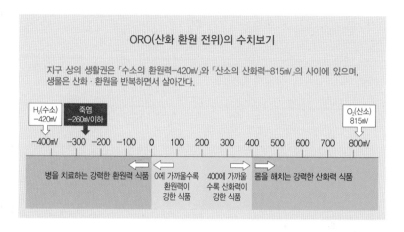

그림에서 보는 것처럼 실측치 0㎷ 이하에 있는 물질은 산화를 막는 힘이 있으며, 수치가 커질수록 산화력이 강해진다는 것을 나타낸다. 실측치 0㎷를 경계로 마이너스 수치로 표시되는 물질은 우리 몸의 노폐물이나 독소를 제거할 환원력을 가지고 있으며, 마이너스 수치가 높을수록 병이나 노화를 개선시킬 힘이 강하다는 것을 의미한다.

단, ORP 수치는 어디까지나 산화력과 환원력에서만 본 계측치로써 식품 본래의 영양 성분이나 칼로리를 고려한 것은 아니다. 따라서 일상적으로 산화력이 있는 식품이라 해도 필요한 영양을 섭취하기 위해 먹지 않으면 안 되는 것들이 많다. 그러한 식품들도 환원력이 있는 식품과 함께 먹으면 몸이 산화되는 것을 방지할 수가 있다.

수소 -420 mV	병을 치료하는 강력한 환원력			0에 가까울수록 환원력이 강하다.		400mV에 가까울수록 산화력이 강하다.		몸을 해치는 강력한 산화력			산소 +813mV	
-400	-300	-200	-100	0	100	200	300	400	500	600	700	800
-430 죽염		-250 알칼리 이온수	-101 옷수수 (갓 딴것) -120 오이 -172 고구마 (갓 딴것) -142 소의 생간 -106 돼지의 생간	+65 무순 +38 양상추 +65 무잎 +83 닭 모래 주머니 +74 간장 +36 낫토 +78 환원수 (전기분해)	+113 배추 +126 돼지 다리살 +179 채소수프	+218 토마토 +279 딸기 +231 닭 생육 +200 녹차 +294 스포츠 음료 +288 갓 짠 우유 +221 소스 +207 날계란	+301 여름 귤 +364 포도 +327 소 생육 (生肉) +334 맥주 +336 오렌지 주스	+407 레몬 +491 복숭아 +431 바나나 +466 홍차 +484 콜라 +462 천연염(B) +437 감기약 +461 지사제 +416 위스키	+546 사과 +555 배 +501 정제설탕 +550 사과주스	+636 심장약 +636 두통약	+779 수돗물 (도쿄 시부야)	

[참조 – 장생을 부르는 식품, 죽음을 부르는 식품, 나카야마 에이키 著]

주요 식품, 물 등의 **산화력**과 **환원력**

　나카야마 교수의 자료를 참고하면, 무, 시금치, 당근, 오이, 옥수수, 고구마 등의 신선한 채소에는 강한 환원력이 있다는 사실을 알 수 있다. 유기농법으로 기른 채소가 그렇지 않은 채소보다 환원력이 높다.

　소, 돼지, 닭이나 생선의 육질 부분은 내장에 비해 산화력이 높다. 장기臟器는 소와 돼지, 닭의 간肝이 마이너스 수치를 나타내어서 높은 환원력을 지닌다는 사실을 알 수 있다. 돼지의 식도, 소장, 위도 환원력이 높으며, 생선의 내장도 마이너스까지는 못 미치더라도 ORP 수치는 낮다.

꽁치를 먹을 때 무를 강판에 갈아 함께 먹는다. 내장은 약간 쓴맛이 있기는 하지만 역시 함께 먹는 것이 좋다. 이렇게 먹는 것이 이치에 맞는 이유는 꽁치의 어육은 산화력이 높지만, 무의 환원력이 상당히 높은 편이고, 거기에 내장의 환원력이 있으므로 몸에 노폐물 등을 쌓게 하는 산화력을 줄일 수가 있기 때문이다.

청량음료는 산화력이 300㎖ 이상으로 산화력이 대단히 높다. 설탕, 식염, 화학조미료, 식초 등은 ORP 수치가 400㎖ 이상이나 되는 상당히 높은 산화력을 보였다. 그에 비하여 예부터 자연소재로 만든 조미료는 환원력이 높다.

약의 대부분은 산화력이 높다. 측정에 사용된 대다수의 약이 400㎖ 이상의 ORP 수치를 나타냈는데 한방약은 합성 화학 약품의 반 정도의 ORP 수치를 나타내었다. 약을 복용한다고 해도 최소한도의 양을 복용해야 하며 약의 산화력으로부터 몸을 보호하기 위해서는 되도록 환원력이 높은 음식물을 먹도록 해야 한다.

알칼리 이온수는 -250㎖ 정도였는데, 통상 알칼리 이온수의 환원력은 시간이 흐르면 급격히 저하된다. 죽염을 녹인 물은 -400㎖ 이상을 나타내며 며칠이 지나도 환원력이 쉽게 떨어지지 않는다.

먹을 수 있는 식품 중에 죽염보다 강한 환원력을 보이는 것은 찾기 어려우며, 물에 녹인 후 며칠이 지나도 환원력을 보이는 물질은 지구에서 찾을 수 없다.

인체를 산화酸化시키는 약과 식품이 우리를 지배하고 있다

약을 복용할 때 여러 종류의 약을 섞어서 복용하는 경우가 많다. 그 약 자체의 독성에 대해서는 실험이 행해지고 있지만 약을 섞어서 복용했을 때 독성 시험은 이루어지지 않고 있다. 예를 들어 감기약과 고혈압 치료약과 위장약을 섞어서 먹으면 어떠한 상호작용이 일어날지는 아무도 모른다. 이것이 천연물의 작용이 아닌 합성 화학 물질의 반응이기 때문에 우리 인체에 부작용을 일으키게 하는 분명한 원인이 될 수 있다. 인간이 본래부터 지니고 있는 성분 이외의 물질은 되도록 몸속에 넣지 않는 것이 좋다.

암, 심혈관질환, 당뇨, 고혈압 등의 생활 습관병이 중, 장년층에서 젊은 층으로 확산되고 있다. 최근 들어 초등학생이나 중학생들이 암, 비만, 당뇨, 고혈압 같은 성인병을 앓고 있는 경우가 급증하고 있다.

주로 중장년층에게 나타나는 질환이 왜 청소년들에게 나타나고 있는 것일까? 아이들은 햄버거, 치킨, 스낵, 과자, 아이스크림 등의 인스턴트 등을 즐겨 먹고 있지만 이러한 식품이 우리의 인체를 산화시키고 질병의 원인이 된다는 것을 자각하지 못한다. 임산부들도 어떤 음식을 먹어야 몸에 좋은지 잘 모르거나 화학물질에 오염된 식품을 가리지 않고 먹다 보니 아토피 증상을 가진 아이들이 많이 태어난다.

우리 몸은 자연에 존재하는 원소를 이용해 이루어졌으며 수만 년 동안 진화를 거듭해 왔다. 인위적으로 합성된 화학물질은 어떤 경로를 통해서든 우리의 신경계를 교란시키고 질병을 야기시킨다.

그렇다면 어떤 식품을 먹는 것이 몸에 좋을까? 이 물음에 단 하나의 정답을 제시하기는 상당히 어렵지만 '화학물질이 첨가되지 않은 음식'을 선택하는 것이 매우 중요하다고 할 수 있겠다.

물과 음식물, 음료수, 약 등 우리가 매일 먹고 마시는 것들이 어느 정도의 산화력 또는 환원력이 있는지 알아 두는 것도 필요하다. 그러면 어떤 음식물이 몸을 산화시켜 노폐물과 독소를 쌓게 하는지 반대로 제거하는 음식물인지 구분할 수 있게 된다. 필요한 영양분을 취하기 위해 산화력이 있는 식품을 먹게 되어도 환원력이 있는 식품을 동시에 먹으면 노폐물이나 독소가 축적되는 것을 막을 수가 있다. 또한, 병이나 산화가 진행되던 사람은 환원력이 강한 음식을 먹음으로써 몸속의 노폐물을 제거하는 신진대사 기능이 좋아져서 건강을 차츰 회복할 수 있게 된다.

오랫동안 몸에 쌓인 노폐물이나 독소를 한 번에 없애는 것은 불가능하지만, 환원력이 있는 식품을 꾸준히 먹으면 조금씩 건강한 몸을 되찾게 된다.

죽염의 ORP 및 pH

죽염을 구운 횟수별로 계측기를 이용하여 ORP와 pH를 측정해 보았다.

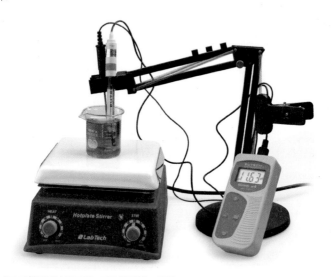

교반기로 저어주면서 ORP와 pH를 측정하는 실험

실험방법 : 정제수 100㎖에 소금 또는 죽염 10g을 넣고 약 10% 소금 농도의 용액을 만든다. 용액의 이온분포도를 고르게 하기 위해 교반기로 일정하게 저어주었고, 측정센서가 바닥이나 용기에 닿지 않도록 했다. 실험의 시료는 천일염, 1번 구운 죽염부터 아홉 번 구운 죽염까지 측정하였다.

천일염과 죽염의 ORP & pH

구운 횟수	천일염	1회	2회	3회	4회	5회	6회	7회	8회	9회
ORP(mV)	+23	−46	−128	−140	−160	−162	−179	−208	−190	−430
pH	8.89	10.08	9.89	10.10	10.11	10.00	10.09	10.23	10.37	11.50

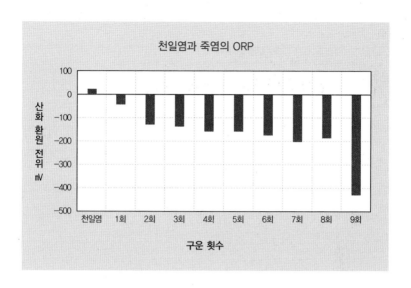

도표를 살펴보면 굽는 횟수를 반복함에 따라 환원력 수치가 꾸준히 증가함을 알 수 있다. 천일염을 한 번만 구워도 -46㎷의 환원력을 나타내며, 횟수가 거듭될수록 일정하게 환원력과 pH가 증가하였다. 소금과 죽염의 성질이 확연히 다르다는 것을 잘 나타내 보여준다. 특이한 것은 9회 용융작업을 거쳤을 때 환원력과 알칼리성이 급격히 증가되었다는 것이다. 물질의 특성이 열처리에 의해 완전히 변화되었음을 증명한다.

이렇게 죽염에 안정된 환원력을 갖게 하려면 죽염을 용융하는 숙련된 기술이 필요하다.

죽염, 천일염, 정제염의
하이포아염소산 제거 능력 실험

우리가 먹는 물의 대표적인 정화방법은 염소 소독법이다. 염소가스 또는 염소화합물을 물에 직접 주입하는 방법으로, 다른 소독법에 비해 비용이 적게 들고 살균 효과가 우수하다고 알려져 있다. 물에 염소가스나 이산화염소CIO_2를 넣게 되면 하이포아염소산이 발생한다.

$$Cl_2 + H_2O \rightarrow HClO(하이포아염소산) + HCl$$

이 과정에서 염소가 물속의 유기물질과 반응하여 '트리할로메탄 Trihalomethanes'이라는 발암물질이 생길 수 있다. 트리할로메탄은 일단 체내에 들어오면 쉽게 분해되지 않고 지방세포에 축적되며, DNA 변형 및 면역성 저하를 일으키는 물질로 알려져 있다. 또한, 하이포아염소산은 강한 활성산소를 발생시키며 체내의 지방세포와 비타민 E를 분해해서 아토피성 피부염을 악화시키고 여드름, 건선, 습진 등을 유발할 수 있다. 모발의 천연성분을 파괴하여 머릿결이 갈라지거나 건조해지고 탄력과 윤기가 없어지는 한 원인이 되기도 한다.

죽염, 천일염, 정제염이 인체에 나쁜 영향을 끼치는 하이포아염소산의 분해 능력이 있는지를 실험을 통해 살펴보았다.

수돗물 3개를 준비한다.

수돗물에 폴리딘 Iolidine solution 용액 1 ㎖를 각각 넣으면 히이포이염소산과 산화 반응을 하여 황갈색으로 변한다.

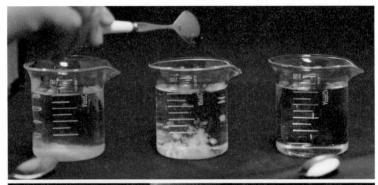

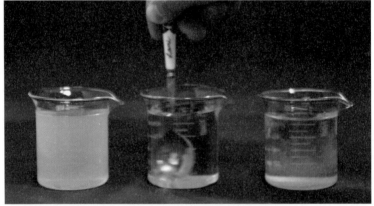

좌측부터 죽염, 천일염, 정제염을 각 1g씩 넣고 잘 저어서 완전히 녹인다.

| 죽염 | 천일염 | 정제염 |

약 2분 후 죽염을 녹인 수돗물은 하이포아염소산이 완전히 제거되어 물이 맑게 되었으나, 천일염, 정제염은 전혀 변화가 없었다.

죽염은 하이포아염소산HClO화합물에 전자를 전달해서 인체에 해가 없는 염소이온과 물로 바꾸는 환원현상을 일으켰다. 이것은 죽염의 여러 미네랄이 천일염, 정제염의 미네랄들과 화학적 반응이 다르다는 것을 의미한다. 죽염에 든 금속 미네랄은 물에 녹으면 1개 내지 2개의 전자를 내어놓고 이온화된다. 이렇게 여러 미네랄의 전자가 환원반응에 관여하게 되는데, 정제염에는 염화나트륨이라는 염화물 이외에 다른 원소가 거의 존재하지 않기 때문에 특별한 반응이 일어나지 않는다.

미네랄이 풍부한 천일염도 하이포아염소산을 정화시키는 반응을 나타내지 않았다는 것은 의외의 결과이다. 녹슨 못의 실험에서 살펴보았듯 천일염은 여러 미네랄이 전자를 방출해 환원시킬 수 있는 능력이 거의 없다고 할 수 있다.

결론적으로 '녹슨 못 실험'과 '염소제거능력 실험'은 죽염, 천일염, 정제염이 같은 짠맛을 내는 소금이라도 전혀 다른 화학적 반응을 보이는 물질이라는 것을 증명한다. 즉, 죽염은 인체조직을 이루거나 효소를 활성화하는 생체활성물질로서 정제염과 천일염에 비해 그 기능이 매우 높다고 할 수 있는 할 수 있다.

그림 속의 죽염량은 2g이다.

인체의 70%는 물로 이루어져 있고, 물을 잘 먹는 것은 건강과 매우 긴밀한 관계를 맺고 있다. 하지만, 염소가스로 소독하지 않은 수돗물이 존재하지 않고, 바로 이 물로 밥을 하고 반찬을 해 먹는다. 죽염으로 간을 하면 하이포아염소산을 제거하고, 쌀에 부족한 미네랄을 적정히 보충해준다. 3인분의 밥을 할 때 약 2g의 죽염을 첨가하면 적당하다.

음료에 9회 죽염 첨가 후 ORP변화

국내에서 시판되는 몇 가지 음료를 구입한 뒤 각 음료 100㎖에 9회 죽염 1g을 녹여서 환원력을 살펴보았다.

		우유	오렌지 주스	당근 주스	생수	이온음료
ORP (mV)	첨가전	+139mV	+80mV	+40mV	+49mV	+233mV
	첨가후	-131mV	-29mV	-85mV	-263mV	(1g 첨가 후) → +24mV **(2g 첨가 후)** → -15mV **(3g 첨가 후)** → -35mV

　우유는 산화력이 비교적 강했으나 죽염 1g 첨가 후에는 환원력이 -131mV로 크게 증가하였다. 이온음료의 경우는 산화력이 강한 편이며 죽염 1g 첨가 후에도 0mV 이하의 환원 수치를 보이지 않았다. 죽염 2g을 첨가하고 나서야 비로소 -15mV의 환원력을 보이며, 3g 첨가 후에도 -35mV 정도의 비교적 낮은 환원력을 보였다.

　이온음료는 -mV의 환원력을 보이는 데 몇 분이 걸렸는데, 환원되는 시간이 다른 음료에 비해 많이 소요되었다.

　생수에 죽염을 첨가했을 경우 죽염은 용액 속의 다른 성분에 방해를 받지 않고 미네랄 이온이 더욱 활성화되기 때문에 환원력이 매우 빨리 승가하며, 수초 이내에 -200mV 이하의 큰 환원력을 보였다.

이 실험에서는 음료수의 종류에 따라 죽염의 환원력이 다르게 작용한다는 것을 알 수 있었다. 이와 마찬가지로 여러 식품에 죽염을 첨가함으로써 산화력이 있는 식품은 환원능력을 가진 식품으로 만들 수 있다.

죽염은 생리활성물질生理活性物質

생리활성물질生理活性物質이란 생물의 생체 기능을 조절하는 물질로써 생체 내의 기능 조절에 관여하는 물질의 결핍이나 과도한 분비 등의 비정상적인 병태病態를 바로잡아주는 역할을 하는 것을 말한다. 생리활성물질은 항산화 작용, 해독 작용, 면역기능 증강 작용, 호르몬 조절 작용, 항균 및 항바이러스 작용을 통해 노화를 지연시키거나 각종 생활 습관병을 예방하는 물질이다.

죽염은 항산화 작용이 매우 뛰어난 물질이며, 죽염 속 각종 미네랄은 효소를 활성화시켜 인체의 해독작용을 돕고, 호르몬을 만드는 원료로 사용된다. 뿐만 아니라 죽염의 항균抗菌 작용은 면역기능을 증강시켜 각종 질병을 예방하는 역할을 한다.

즉, 자연의 미네랄을 소금에 합성한 죽염은 인체에 부작용이 전혀 없는 우수한 생리활성물질이다.

생리활성물질로서 죽염의 특징

첫째, 소금 속 유해물질이 제거되었다

죽염을 만들 때 대나무, 소나무, 송진을 연료로 태우면 고열高熱이 발생한다. 고열은 소금 속에 포함된 중금속 또는 유해 화합물을 증발시켜 없앤다.

둘째, 죽염은 알칼리 식품이다

죽염은 횟수를 거듭하여 구우면 강알칼리성을 나타낸다. 현대인들은 산성 식품을 과다하게 섭취하는데, 죽염으로 간을 함으로서 산성 식품을 중화시킨다. 특히 죽염은 알칼리 생성 미네랄이 많아 인체 흡수 후에도 산·염기 평형에 매우 좋은 역할을 한다.

셋째, 다량의 활성 미네랄 생성 및 약리적 미네랄 합성

천일염의 미네랄을 활성화시켜 인체에 환원반응을 할 수 있는 성질을 띄게 만들고, 대나무와 황토, 송진에 들어 있는 여러 약리적인 미네랄을 합성시킨 것이 바로 죽염이다.

넷째, 미네랄 공급원

우리 인체는 효소의 작용으로 생명현상을 유지해 나갈 수 있다. 이러한 효소의 활성화에 미네랄은 적극적으로 관여한다. 죽염은 우리 인체의 화학적 조성비와 매우 유사하면서도 다양한 종류의 미네랄을 함유하고 있다.

다섯째, 우수한 항산화 식품

환경과 식품의 오염으로 인해 유해한 활성산소가 인체에 다량으로 발생한다. 우리 인체는 항산화제를 만들어 이에 대처하는데 죽염은 각종 항산화효소를 활성화시켜 활성산소를 없애는 역할을 할 뿐만 아니라 환원력에 의한 강한 항산화작용이 있다.

여섯째, 전해질 농도를 조절하는 능력이 우수하다

죽염과 소금의 전도율을 측정하면 죽염이 소금보다 전도도가 낮으며, 소금 격자 크기에 비해 1/10 정도이다. 그래서 세포막에 빠르게 흡수되어 전해질 농도가 쉽게 조절된다. 또 일반 소금에 비해서 2~3 배가량을 섭취해도 물이 켜이지 않는 특징이 있다.

일곱째, 면역기능을 유지한다

우리 몸의 체액이 소금물이 아닌 민물이라면 각종 바이러스나 세균에 대처할 능력이 없어질 뿐만 아니라 전해질 농도 차이가 발생하지 않아 영양소를 받아들일 수도 없고, 신경전달 작용이 불가능해지면서 생명체로서 기능을 완전히 잃게 된다.

소금의 살균殺菌작용과 방부防腐작용이 우리의 인체의 면역기능을 유지한다. 하지만, 죽염은 소금보다 훨씬 좋은 항균抗菌능력이 있음을 여러 논문에서 증명하고 있다.

여덟째, 죽염은 모든 식품과 조화를 이룬다

미국국립암연구소에서 해마다 발표하는 항암 식품 중 수년 동안 1위 자리를 차지하는 식품은 마늘이다. 마늘의 항암작용이 인체에 제대로 작용되게 하기 위해서는 죽염의 도움이 필요하다.

인체에 필요한 영양소는 나트륨이 세포 속으로 흡수될 때 아미노산이나 당糖, 물 같은 영양소도 함께 흡수된다. 마늘과 죽염이 합쳐지면 마늘의 영양소는 한결 빠르게 각 세포로 이동할 수 있다.

세포 안으로 이동한 죽염은 세포 내에서 두 가지 일을 동시에 수행한다.

효소를 활성화시켜 이물질을 세포 밖으로 배출시키고, 마늘의 약리적인 성질이 세포 내에서 잘 활성화 될 수 있도록 미네랄이라는 원료를 공급한다. 미네랄과 마늘의 만남으로 세포는 새로운 영양물을 생성할 수 있는 조건을 갖추고 세포 내에서 더 강한 항암작용을 발휘하게 된다.

즉, 인체에 치료 효과를 나타내거나 항암작용이 있는 식품에 죽염을 첨가하면 영양소의 흡수를 비롯하여 그 약리적인 효과가 한층 더 강하게 나타나게 된다.

식품의 약리적
효과 증진
영양물질의 세포이동을
도와서 식품의 약리적
효과를 높인다.

항산화 역할
죽염은 항산화효소를
활성화시켜
활성산소를 없앤다.

활성미네랄 간직
죽염 속 미네랄은
인체 흡수가 잘될 수
있는 활성미네랄로
구성되어 있다.

미네랄 공급원
우리 인체에 꼭 필요한
다양한 종류의 미네랄을
함유하고 있다.

생리활성물질로서
죽염의 특징

식품의 중화작용
죽염은 알칼리
식품으로 산성식품을
중화한다.

전해질 농도 조절 우수
죽염은 입자가 작고
전도도가 낮아 세포막간
이동이 쉬워 인체 전해질
농도를 빠르게 조절한다.

유해물질 제거
죽염굽는 과정을 통해
소금 속의 중금속과
유해물질은 제거된다.

면역기능 유지
죽염의
살균 · 방부작용이
면역기능을
유지한다.

죽염의 효능은 섭취 후
혈액검사를 하면 파악할 수 있다

나카야마 에이키中山榮基의 임상소견 자료를 살펴보면, 죽염 섭취 후 중성지방, 콜레스테롤, 요산치尿酸値가 감소하는 것을 확인할 수 있다고 보고하였다. 이처럼 간략히 혈액상태의 변화만 관찰하더라도 인체에 미치는 죽염의 효과는 어느 정도 검증이 가능하다.

죽염의 안전성은 오랫동안 우리가 직접 먹어오면서 검증되었고, 식품으로 활용이 가능하기 때문에 죽염을 당뇨나 고지혈증, 위장병 환자에게 섭취케 한 후 바로 임상자료를 만들 수 있다. 실험실에서 합성 화학 물질을 만들고, 쥐에 먹여 안전성을 입증한 뒤 임상까지 거쳐야 하는 5~10년의 세월을 단축하고 바로 임상에 임할 수 있는 이 일은 죽염에 관심 있는 의학자가 있다면 가능한 일이다.

유전공학, 생명공학 등의 첨단 과학을 공부하는 학자들이 '죽염으로 병을 치료할 수 있다'거나 '죽염으로 질병을 예방할 수 있다'고 하면 도저히 믿으려 들지 않는다.

하지만, 미국 뉴욕에 있는 퀸즈 암센터Queens Cancer Center에서는 암의 치료와 예방을 위해 수년 동안 죽염을 연구해 오고 있는 것으로 알려졌다.

우리나라에서도 보다 더 체계적으로 임상 결과를 모으고 다양한 부분에서 연구와 실험이 진행되어야 한다.

생명의 소금 – 죽염

인체에 산성 생성 식품과 알칼리 생성 식품이 적당히 공급되어야만 체액이 산·알칼리 평형을 유지하기 쉽다.

산성 생성 식품을 과다하게 섭취할 경우 체액의 전해질 농도를 조절하기 위해 우리의 인체는 뼈에 있는 미네랄을 가져다 사용해야 하며, 그만큼 수고로운 일을 반복해야 한다. 이러한 일이 반복되면 될수록 뼈는 약해지고 세포의 피로도는 높아지며, 대사는 원활히 이루어지지 않는다.

현대의 음식은 미네랄 부족에다 대부분 산성 식품이다. 알칼리성인 죽염을 이용해서 음식의 간을 하면 산성인 음식은 알칼리로 중화되고, 죽염에 들어 있는 다량의 알칼리 생성 원소에 의해 손쉽게 인체는 체액의 산·염기 평형을 유지한다. 특히 죽염의 환원력은 현대의 오염된 공기와 식품으로 발생되는 활성산소를 제거하고, 효소를 활성화시켜 해독력을 증가시킬 뿐 아니라 인체의 면역력을 높여 각종 세균과 바이러스에 대항할 수 있게 해 준다.

죽염은 자연 그대로의 미네랄 균형을 이루고 있고, 인체에 부족한 미네랄을 공급하며, 세포 본래의 면역력을 유지하여 질병을 예방하는 힘이 있다.

과연 이렇게 여러 가지를 한 번에 해결할 수 있는 물질이 있을까? 이것이 바로 인류가 지금까지 찾아온 생명의 소금이다.

소금에 대해 보다 **과학적인 연구**가 시급하다

옷을 사 입을 때도 색깔과 디자인을 살펴보고, 만져 보고 입어보면서 여러 가지를 따져본 후 까다롭게 선택한다. 하지만, 우리의 건강에 직접적인 관련이 있으며 매일 먹어야 하는 소금에는 너무 무관심하다. 맛을 좋게 하는 요리법에는 관심이 많지만, 그 맛을 결정하는 소금에 있어서는 무지無知하다. 소금이 건강에 차지하는 비중이 결코 작지 않음에도 불구하고 이런 이상한 현상이 일어나는 것은 왜일까?

'소금은 나쁜 것이다'라는 뿌리 깊은 관념이 사람들의 의식에 자리 잡았고, 체계적이고 과학적인 연구를 소홀히 했기 때문이다. 현대의 과학은 소금의 종류를 구분하지 않았고, 소금이 인체에 미치는 영향 및 그 약리적 효과를 규명하는 노력을 시도하지 않았다. '소금은 혈압을 높게 한다'거나 '소금은 나트륨이 많아서 나쁜 것이다'는 소금 유해설이 100년이라는 세월 동안 지구촌을 점령하고 있다.

소금은 혈압을 높이는 역할을 할까?

소금의 종류에 따라서 인체에 미치는 영향이 매우 다를 수 있음을 우리는 앞에서 살펴보았다. 즉, 미네랄이 풍부한 소금은 오히려 적정한 혈압을 유지하는데 도움을 줄 수 있다.

소금에 나트륨이 많아서 나쁜 것일까?

나트륨은 인체 전체에 매우 중요한 필수적인 미네랄 중에 하나다. 나트륨은 체액을 조절하여 산·염기평형을 이루고, 신경자극 전달, 근육 이완과 심장기능의 정상적인 작동, 영양분의 흡수, 침, 췌장, 장액腸液의 pH 유지, 혈압 조절 등 우리 몸의 다양한 생명 활동 매우 중요한 역할을 한다. 이렇게 나트륨은 인체 전체를 구성하는 필수적인 미네랄이다.

과학자들은 나트륨이 과잉될 때 문제가 된다고 하지만, 소금 속에 칼륨K, 칼슘Ca, 인P 등이 골고루 존재한다면, 이들 미네랄의 도움을 받아 잉여분의 나트륨을 배설하여 혈압을 낮추는 신진대사를 순조롭게 진행할 수 있다. 즉, 혈액에 모든 미네랄이 균형 있게 존재한다면 이러한 신진대사가 자연스럽게 유지된다.

반대로 미네랄이 빠진 나트륨이 혈액에 과다 공급될 때, 신진대사는 제대로 진행될 수 없게 되면서 건강이 무너진다. 중요한 것은 미네랄의 균형이며 나트륨의 부작용이 아니다. 즉, 지금까지 과학자들은 미네랄이 없는 염화나트륨만의 부작용을 보아 왔을 뿐이다.

이제부터라도 현대과학은 소금의 종류 구분, 소금의 원소 분석 및 원소의 상태 분석, 소금의 미네랄 조성 비율 연구, 죽염에 대한 약리적인 연구를 시작해야 한다.

'나트륨은 인체에 해롭다, 소금은 고혈압을 유발한다'라는 말도 안 되는 그릇된 관념을 뿌리 뽑지 않는 한 현대과학은 우리의 적이 될 것이며, 인류의 건강은 결코 개선되지 않을 것이다.

차세대 신약神藥이란

세계 제약시장 규모는 8,370억(937조 원) 달러로 메모리 반도체 시장 441억(49조 원) 달러의 19배나 된다. 매출 기준 세계 1위 약품인 고지혈증 치료제 '리피토(화이자제약)'는 한해 137억(16조 원) 달러어치가 팔린다. 현대차 아반떼 130만대를 수출해야 벌 수 있는 돈이다.

우리나라는 반도체, 자동차, 조선, 원자력 등의 분야에서 세계 최고의 저력을 쏟아내고 있다. 하지만, 신약新藥부분에서는 선진국에 비해 매우 뒤져 있다고 할 수 있으며, 최소 1~10억 달러 이상의 비용을 5~10년간 투자해야 하는 글로벌 신약 개발 사업을 감당할 한국 기업은 찾아보기 힘들다. 그렇다고 다국적 제약회사의 약을 수입하는 속국屬國으로만 지낼 수도 없는 일이다.

신약新藥 하나의 개발이 성공하면, 연 매출 1조 원에 순이익 3천억 원 이상이 보장된다고 한다. 사실 대부분 신약이라는 것이 질병에 사용되었을 경우 그 유효율을 따지는데, 많은 사람이 효과를 못 보거나 부작용을 호소할 수도 있다. 이것이 오늘날의 신약新藥이라는 물질이다.

세계 1위의 제약 회사인 노바티스Norvatis의 매출이 50조에 육박하며, 이와 비슷한 다국적 제약회사도 다수多數다. 그 매출만큼 많은 사람을 살리는 신약을 만들었을까? 부작용이 난다고 다시 뱉어서 반품할 수 없는 물질인 신약新藥이다. 이 새로운 화학물질은 겨우 몇십 퍼센트의 유효율을 보일 뿐 언젠가는 휴지통으로 사라질 운명 그 이상도 이하도 아니다.

차세대 신약新藥은 실험실의 첨단 기법으로 화학 물질을 섞고 반응해서 만들어지는 것이 아니다. 질병을 예방하며, 병이 생기면 치료약이 되고, 부작용이 없는 물질이 바로 차세대 신약新藥이다. 그래서 한 차원 높은 물질이라 일컬어 神藥신약이라 한다. 누구나 먹어서 안전하며 부작용이 없는 자연계의 물질을 이용한 혁신적인 원소 융합기술, 그 물질의 중심에 죽염이 선도적인 역할을 할 것이다.

● 천혜天惠의 자원資源과 천부天賦의 신新 기술

의학의 아버지라 불리는 히포크라테스는 '음식으로 고칠 수 없는 병은 의사도 못 고친다'고 했듯이 한 번쯤 먹는 건강보조식품이나 약으로는 건강을 제대로 유지할 수 없다. 매일 식단의 부족한 미네랄을 채워주고, 인체 내 각종 화학물질이나 노폐물을 배출하는 환원능력이 있는 물질이 현대인에게 절실히 필요하다. 매일 먹는 음식을 죽염으로 간을 한다면 곡물이나 채소의 부족한 미네랄을 보충할 수 있고, 산화력이 있는 식품은 환원력이 강한 식품으로 변화된다.

죽염은 음식의 항산화 작용을 도와 체내 노폐물 배출을 원활하게 하고, 천연 방부효과로 면역력을 증진시킨다. 이렇게 음식에 죽염을 넣어 먹는 것만으로 매우 다양한 효과를 이끌어낼 수 있다.

'소금은 나쁘다'는 그릇된 인식을 버려야 한다. 세상에 소금이 없으면 무엇으로 짠맛을 내며, 인체의 신진대사에 필수적인 나트륨과 염소 그리고 미량 미네랄을 어디에서 얻겠는가.

21세기의 식생활에 있어 죽염은 매우 중요한 물질로 자리매김할 것이다. 천일염이라고 하는 천혜天惠의 자원資源과 죽염을 만드는 천부天賦의 신新 기술이 아직 빛을 보지 못하고 있다는 사실을 우리 국민 모두가 자각自覺하고 죽염의 효용과 가치를 밝히는 보다 체계적이고 범汎 국가적인 연구를 기대해 본다.

고온의 송진불에 죽염이 용암처럼 흘러나온다.

Part 5
죽염에 대한
질문과 답변

죽염에서 얻을 수 있는 미네랄 양은?

아래와 같이 주장하는 곳이 있다.

> 「정제염에는 미네랄이 없기 때문에 나쁜 소금이라고 말하고 있지만, 성인이
> 1일 필요한 미네랄은 300㎎인데 가정에서 조리용 소금은 1인 1일 10~15g
> 정도로 이 소금에서 얻을 수 있는 미네랄이 8~10㎎밖에 되지 않아 소금으로
> 부터 미네랄을 충분히 공급받는다는 것은 거의 기대하기 어렵다.」

대부분의 미네랄은 음식을 통해서 얻는 것이 맞다. 음식의 부족한 미네랄을 소금이 보충한다는 뜻이지 인체가 필요로 하는 모든 미네랄을 소금에서 얻어야 한다거나, 혹은 그러지 못하기에 가치가 없다는 것은 지나치게 단순한 발상이다.

뿐만 아니라 음식을 통해서 섭취하기 어려운 미량원소는 소금을 통해 얻는 것이 바람직하다. 미량원소는 말 그대로 매우 소량이지만 인체에 미치는 영향이 큰 영양소이다. 죽염에 적은 양이지만 바나듐은 당뇨병의 예방과 치료에 필요한 미량원소이며, 셀레늄은 유해금속의 독성을 억제하며, 암세포의 성장을 막는 미량원소로 인정받고 있다. 매우 소량이라도 매일 죽염을 섭취하는 사람과 정제염을 섭취하는 사람의 미량원소 섭취 비율은 차이가 날 수밖에 없다.

1일 미네랄 섭취 권장량을 몇 가지 살펴보면 나트륨 2.4g, 칼슘 700㎎, 인 700㎎, 철 12㎎, 칼륨 900㎎ 정도이다.

인체의 전해질 농도를 조정하는데 여러 원소가 이용되지만 가장 필수적인 원소는 나트륨과 칼륨이다. 죽염에 들어 있는 칼륨의 양은 8,000~15,000㎎/kg이다. 즉, 정제염에 비해 8천 배 이상의 칼륨이

들어 있다. 물론 죽염 속의 칼륨만으로 인체가 필요한 일일 권장 칼륨 섭취량인 900㎎을 모두 충족할 수는 없다.

하루에 죽염 20g을 섭취할 경우 최대 300㎎ 정도의 칼륨을 얻을 수 있다. 이 정도의 양은 권장 섭취량의 1/3 정도이며, 정제염과 비교하면 하루 약 300배 이상의 칼륨을 섭취하게 된다. 한 달이면 9,000배의 칼륨을 섭취하게 되고, 1년이면 10만 8천 배의 칼륨을 보충하게 되는 것이다. 소금만으로 섭취 권장량의 1/3을 얻을 수 있다면 이것은 결코 적은 양이 아니다.

매일 죽염 20g을 섭취할 경우 나트륨, 염소, 칼륨을 제외하더라도 황, 인, 칼슘 등 여러 미네랄을 약 100㎎ 정도 보충하게 된다. 죽염은 30여 가지의 활성 미네랄이 골고루 들어있는 미네랄 복합 제제製劑이다.

한 가지 예를 더 들어보자. 인체가 필요로 하는 하루 철분량은 단 1㎎이다. 출혈 및 생리가 있을 경우에 하루 필요한 양은 2㎎ 정도이다. 철분의 인체 흡수가 매우 어렵기 때문에 철분 결핍은 오늘날 세계에서 가장 흔한 영양 결핍증의 하나다. 따라서 실제 일일 필요량보다 몇 배 많은 양인 12~15㎎ 이상의 철분을 매일 섭취하는 것이 좋다.

죽염을 하루 20g 섭취할 경우 하루 1㎎ 정도의 철분을 얻게 된다. 만약 죽염에 있는 철분이 일반 철분과 달리 인체에 흡수하기 매우 쉬운 화합물이나 이온으로 존재한다면 죽염 속 철분만으로 일일 철분을 얻을 수 있는 결과를 가져올 수도 있다.

앞에서도 잠깐 언급했지만 죽염은 미네랄을 얻는 것 이외에 식품에 들어 있는 미네랄을 원활하게 합성할 수 있도록 돕는 촉매제로서 역할도 한다.

따라서 죽염을 침으로 녹여 먹을 때 어떤 효소와 반응해 인체에 유익한 물질이 만들어지는지, 식품에 죽염을 넣어 먹었을 때 식품 속 미네랄 흡수율이 정제염이나 소금과는 어떻게 다른지를 폭넓게 연구해야 한다.

죽염은 정말 9회를 굽는가?

조금 익숙한 경험자는 죽염의 빛깔과 결정結晶의 모양과 견고한 정도를 보고서도 9회를 구웠는지에 대해 어느 정도 가늠이 가능하다. 적당히 구워서 용융처리를 하면 단단하면서 빛깔이 고운 죽염을 얻기는 힘들기 때문이다.

그리고 앞에서 살펴본 것처럼 구운 횟수는 알칼리 및 ORP수치를 확인하면 파악이 가능하다. 엉터리 죽염을 만들어 우스꽝스러운 꼴을 당할 용기(?) 있는 죽염 생산 업체는 없을 것으로 생각한다.

소비자가 좋은 죽염을 선택하는 것은 참 어려운 일이다. 먼저 몇 회 구운 죽염인지, 용융한 제품인지를 표기사항을 보고 확인해야 한다. 여러 업체에서 생산된 죽염은 동일한 제품이 하나도 없다. 죽염의 주원료인 소금의 채취시기와 지역에 따라서 천일염의 미네랄 함량이 다르고, 굽는 방식 또한 동일하지 않으며, 죽염을 용융하는 기술 또한 차이가 있기 때문에 이 모든 것이 죽염의 품질에 영향을 미친다. 소비자는 여러 생산업체의 죽염을 먹어보면서 판단하면 도움이 될 것이다. 죽염의 미네랄 구성 상태 그리고 만드는 방식에 따라 효능이 다르기 때문에 폭넓게 선택하는 지혜가 필요하다.

　죽염에 대해 어느 정도 익숙해지다 보면 본인의 미각과 몸이 해답을 던져 줄 것이다.

환원력과 pH가 높으면 죽염의 질이 좋은 건가?

　죽염의 가장 큰 특징은 환원력이 매우 크다는 점이다. 그렇다면 환원력 수치가 높다고 좋은 죽염일까?

　ORP와 pH는 죽염이 갖추어야 할 가장 기본적인 요소이지만 그 수치가 높기만 하다고 좋은 죽염이 되는 것은 아니다. 대략 10% 농도의 죽염 용액에서 ORP는 평균 -200㎷, pH 10 이상이면 질 좋은 죽염의 기본적인 조건을 가지고 있으며, 환원제로서 그 역할을 충실히 수행하는 데 전혀 문제가 없다.

　죽염 속에 있는 미량 미네랄의 함량을 분석해서 비교하고, 동물 실험을 통해서 항抗 염증, 항抗 알레르기 효과 등을 검증하면 보다 정확히 품질의 우수성을 확인할 수 있을 것이다.

죽염을 녹이면 생기는 검정색 물질은?

　소금을 대나무에 다져 넣은 후 빼곡하게 죽염로에 넣고 불을 지피면 대나무는 타서 재가 되고 하얀 소금 기둥만 남게 된다. 이때 대나무 숯의 일부는 소금에 자연스럽게 섞여 들어간다.

　또, 굽는 과정에서 온도가 높을 경우 소금과 숯이 한 덩어리가 되어 분리가 불가능한 경우가 많고, 이러한 과정을 8번 반복하는 과정에서 숯은 차츰 증가하게 되면서 소금기둥은 회색을 띠기 시작한다.

마지막 9회째는 1300℃ 이상의 송진불을 이용해 죽염을 녹여 내리게 되는데, 이 과정에서 대부분의 숯은 아래로 가라앉고 일부 숯은 죽염 속에 박히게 된다. 이러한 성분은 물에 녹이면 가라앉게 되며, 대나무 숯은 인체에 해로운 것이 아니어서 안심하고 먹어도 좋다.

죽염 속의 숯은 일부 다른 원소와 탄소화합물로 존재한다. 이것은 유기화합물로 인체의 영양소로 활용이 가능할 수 있다. 또 미량의 숯은 인체의 노폐물 배출에 도움이 되므로 모두 섭취하는 것이 건강에 좋다.

죽염을 녹인 물에 은수저를 담그면
색깔이 검게 되는 이유

계란은 익으면서 노른자와 흰자 사이에 황녹색의 황화철FeS이 나타난다. 이 황화철FeS과 은수저가 반응하면서 은수저의 표면이 검게 변하게 되는 것이며, 이러한 이유로 계란찜을 할 때 은수저는 검게 반응을 한다.

죽염을 굽는 과정에서 대나무의 천연 유황은 소금 속으로 배어들게 되고, 죽염을 녹인 물에 은수저를 담그면 검은색의 황화은Ag_2S이 생기면서 은수저가 검게 된다. 황성분을 많이 포함한 음식에도 이러한 반응이 나타날 수 있다.

죽염에 계란 맛이 은은하게 나는 이유는 대나무와 소나무의 천연

유황이 죽염에 배어 있는 까닭이다. 유황은 인체 흡수 시 글루타치온 GSH의 생성을 촉진하여 납, 수은 등의 중금속 및 노폐물의 배설을 촉진시키는 역할을 한다. 죽염의 종류마다 계란 맛이 진하고 연하고의 차이가 있으며, 은수저에 검게 반응하는 속도와 반응 후 진하기는 다를 수 있다. 이것만으로는 죽염의 품질을 판단할 수는 없다.

단, 은수저에 반응하지 않는 죽염이라면 황의 반응이 약한 것으로 보아 죽염의 용융처리가 미비하다는 것을 알 수 있다. 대나무에 소금을 다져 넣고 태운 뒤 용융을 하지 않으면 은수저는 변색되지 않는다. 고열의 송진불에 용융된 죽염만 은수저와 반응한다. 이것은 소금 속의 유황이 고열에 의해 상태변화가 있었다는 것을 의미하며, 대나무와 소나무 속의 천연유황이 죽염에 합성된 결과물인 것이다.

천일염, 정제염을 녹인 물에는 은수저가 반응하지 않는다.

9회 죽염을 녹인 물에 은수저를 담그면 서서히 반응을 시작하여 1시간 반 정도 지나면 새까맣게 변한다.
은과 황이 반응하여 황화은이 되는 과정에서 검게 변하는 것인데, 천일염에는 황이 있어도 은수저와 반응하지 않는다. 소금의 종류에 따라 원소와 분자의 상태가 다르며, 이것이 인체에 미치는 생리활성 능력에도 차이를 나타낸다고 볼 수 있다.

죽염이 자줏빛 또는 흰빛을 띠는 이유

죽염을 굽는 방식과 용융하는 기술은 죽염을 생산하는 곳마다 조금씩 차이를 보인다. 따라서 색상에도 약간의 차이가 발생할 수 있는데 색상으로 죽염의 질을 판단할 수는 없다.

송진의 고열로 죽염을 용융하는 과정에서 소금 속에 든 대나무 숯은 타면서 숯 주위로부터 자줏빛을 띠게 된다. 이것은 송진 불의 고열과 숯의 반응으로 생겨난다. 소금 속에 대나무 숯이 자연스럽게 존재하지 않는다면 고온의 송진 불로 용융을 해도 자줏빛은 발생하지 않는다. 아직 화학적으로 어떤 반응에 의한 색깔인지는 과학적으로 연구된 바가 없다.

각 원소는 불꽃 속에 넣으면 원소 특유의 빛을 낸다. 구리는 초록색을 띠고, 나트륨은 노란색, 칼륨은 보라색을 나타낸다. 대나무에 제일 많이 든 원소는 칼륨이다. 즉, 대나무 숯 속의 칼륨이 높은 온도의 영향으로 불꽃반응을 나타내며, 이 색깔이 죽염에 나타나는 것으로 추측된다. 불꽃반응이란 원소가 높은 온도로 가열되면 전자는 궤도를 이동하면서 파장이나 색을 방출한다. 죽염의 성분분석 결과 염화나트륨을 제외한 미네랄 중 단연 칼륨의 함량이 높은 것도 이러한 사실을 일부분 뒷받침한다고 볼 수 있다.

숯이 많은 자색의 죽염이 흰색의 죽염보다 칼륨의 함량이 비교적 높다. 칼륨의 함량이 높다고 좋은 죽염이라는 뜻은 아니다. 단, 숯과 죽염, 그 안에 든 성분에 따라 죽염의 색깔이 조금씩 차이가 날 수 있다고 할 수 있다.

죽염을 고온으로 녹일 때 숯이 많으면 비교적 강한 자줏빛이 되고 숯이 적으면 연한 자줏빛이 되거나 회색 또는 흰색이 된다.

숯이 많다면 비교적 짠맛은 적게 나타나면서 삶은 계란의 냄새처럼 유황냄새가 강할 수 있고, 숯이 적은 죽염의 경우 짠맛은 조금 더 강하고 유황냄새는 적게 날 수 있다.

죽염에 다이옥신이 생기는가?

다이옥신은 쓰레기 소각장과 같이 폐기물을 처리할 때 나오는 대표적인 환경오염물질이다. 다이옥신은 물에 거의 녹지 않고 열에 안정한 특성이 있다. 자연계에서 잘 분해되지 않고 기름에 녹는 성질이 강해 생물체의 지방 조직에 잘 스며든다. 따라서 생물체 내로 유입된 다이옥신은 잘 배설되지 않고 지방 조직에 축적되어, 자연계의 먹이사슬을 통해 고등생물에서는 높은 농도로 농축될 수 있다.

식품 중 다이옥신에 대해서는 식육食肉이나 수산물 중 기준을 정하여 관리하고 있으며 우리나라에서는 다이옥신의 기준을 쇠고기 4.0pg/g(피코그램, 1조분의 1g) 돼지고기 2.0피코그램, 닭고기 3.0 피코그램, 죽염 3.0피코그램 이하로 설정하여 관리하고 있다.

현행의 기준을 놓고 본다면 불합리한 점이 눈에 띈다. 예를 들어 쇠고기와 죽염 1g에 기준치의 최대인 4피코그램의 다이옥신이 들어 있다고 가정하면, 쇠고기 1인분 200g을 먹었을 때 약 800피코그램의 다이옥신이 들어 있게 된다. 죽염을 매우 많이 섭취한다고 해도 쇠고기만큼 많은 양을 먹지는 못한다. 최대한 죽염을 많이 먹어서 하루 30g을 먹는다고 가정하면 그 양이 약 120피코그램이 된다.

기준이라는 것은 식품의 섭취량, 섭취방법 등 다양한 요소를 고려해야 한다. 하지만, 죽염에는 이보다 더 엄격한 기준을 적용해도 아무 문제가 없다.

죽염은 1회에서 8회까지 800℃로 8회를 구운 후 마지막에는 1,300℃ 이상에서 완전히 용암처럼 용융시키는 과정을 거치게 되는데 이 과정에서 다이옥신은 사라지게 된다. 고온으로 구워진 죽염은 다이옥신 검사 결과, 공기 중에 존재하는 다이옥신의 양보다 적거나 완전히 검출되지 않았다. 이보다 더 다이옥신을 깨끗하고 안전하게 처리하는 식품 가공법은 아마도 존재하지 않을 것이다.

죽염과 금속성 이물

KBS '소비자 고발' 프로그램에서는 2007년 10월 5일, 11월 9일 2차례에 걸쳐 '충격! 황토팩 중금속 검출'이라는 선정적인 제목으로 배우 김영애 씨가 운영하는 (주)참토원이 생산된 제품에 중금속이 들어있다는 방송을 내보냈다.

(주)참토원 측은 명예훼손과 업무방해 혐의로 KBS를 서울지검에 고발했으며, 2백억 원의 손해배상 청구소송을 냈다. 2009년 11월 29일 서울남부지검은 결심 공판에서 「참토원 황토팩 제품에서 나온 자철석이 황토 고유성분임에도 제조과정에서 유입된 쇳가루라고 주장하고, 해당 제품이 해외로 수출됐음에도 수출 사실이 없다고 방송한 혐의를 인정했다. 그리고 양측의 합의가 안 된 점, 참토원 측이 입은 피해가 상당한 점을 감안해서, 담당 PD 2명에게 징역 1년을 구

형했다.」

그러나 서울 남부 지방법원의 담당 판사는 '소비자 고발이 보도
한 (주)참토원의 방송은 허위 및 왜곡방송이다'라고 하면서도 2명의
PD에게는 각각 무죄를 선고했다. (주)참토원이 부도 직전까지 내몰
리는 위험에 직면했지만, 두 PD가 사회적 책임을 면제받은 것은 '두
PD는 방송 당시 허위 사실로 생각하지 않았다'라는 것이 재판부의
판결 논리다. 언론자유의 성역 안에서 면책특권이 부여된 것이다.

황토에 있는 중금속이 인체에 위해危害를 가할 수준인지 아닌지도
증명되지 않았는데 단순히 검출된 것만으로 방송하는 것이 소비자
권익을 보호하는 일일까?

허위사실을 유포한 자가 끼친 피해는 누가 책임을 질 것인가? '허
위이지만 죄는 없다' '내가 모르고 해서 죄가 없다'는 이런 것이 과연
우리나라 법인지 잘 모르겠지만, 이런 방송과 판결로 인해 피해를 입
는 것은 선량한 기업과 그 기업에 종사하는 직원 그리고 더 나아가 그
제품을 이용하며 효과를 보는 수많은 사람에게 고스란히 돌아간다.

MBC 불만제로라는 프로그램에서 2010년 6월 9일,「죽염 속 이물
질 정체, 대나무 숯가루 죽염에 들어간다, 죽염에 쇳가루 검출, 산화
되고 부식된 죽염 제조 시설 대 공개」라는 제목으로 방송했다.

필자는 담당 PD와 인터뷰를 하면서 죽염이 카드뮴, 수은, 납 등의
중금속이 전혀 검출되지 않아 어떤 식품보다 안전하며, 일부 쇳가루
는 모두 배출되기 때문에 인체에 위해작용이 없다는 점, 죽염에 들
어 있는 극미량의 쇳가루가 불특정 다수의 국민에게 위해를 가하지
않는다는 점, 그리고 죽염 자가 품질 검사에서 쇳가루는 체외뇌어 기

준이 없다는 점 등을 들어 해당 감독기관인 식약청이 검토할 수 있
도록 요청했다.

식품의 안전성과 기준치를 설정할 때는 식품의 종류, 일일 섭취
량, 만드는 과정, 섭취하는 방법 등 다양한 부분을 면밀히 검토해야
한다. 뿐만 아니라 죽염 속의 미량의 쇳가루가 원료 소금에 들어 있
는 것인지, 만드는 과정에서 자연스럽게 발생하는 것인지, 인체에 철
분으로서 활성이 가능한 것인지 등 매우 복잡다단한 과정을 연구하
고 고민해야 한다. 단 며칠 혹은 몇 달의 자료 수집과 현장을 방문
하는 것만으로 식품의 정확한 특징을 파악한다는 것은 그야말로 힘
든 일이다.

이런 여러 가지 필자의 설명에도 불구하고 MBC는 방송을 강행
했다.

죽염업계는 소비자 비난과 매출 감소라는 이중고二重苦를 감내해
야 했다.

'금속성 이물異物' 즉 쇳가루를 검출할 때 시험법은 죽염을 물에 녹
인 후 자석에 붙는 물질을 분리하여 건조한 후 무게를 측정하는 방법
이다. 자석에 붙는 이러한 물질들에는 여러 가지 미네랄이 모두 검출
되는데 철, 망간, 아연 등과 더불어 자성磁性을 띤 일부 대나무 숯도
검출된다. 이 모든 것을 쇳가루로 간주했고, 미네랄 덩어리인 죽염의
금속성 이물을 검사하는 방법과 각 기관의 실험에 문제가 있다는 사
실 또한 나중에 발견되었다.

식약청 과학팀에서는 죽염에 있는 모든 성분과 이물에 대한 안전
성 검사를 실시했다.

자석에 달라붙은 물질이 무엇인지 확인하기 위해 화학연구원에 원

소분석을 의뢰했다. 그 결과 철·마그네슘·칼륨·망간·아연 등 인체에 유익한 미네랄이 대부분을 차지했다. 실험 결과 천일염을 굽고 용융하여 죽염으로 만드는 과정에서 여러 차례 고온을 가하는데 이때 이들 물질이 이온화가 이뤄지면서 일시적으로 자성을 띄는 바람에 쇳가루가 아닌데도 자석에 달라붙은 것으로 확인됐다.

식약청 과학팀의 검사 결과가 나오면서 그동안의 오명汚名은 벗게 되었지만, 질 좋은 소금을 먹고 건강을 회복하려는 많은 사람들이 등을 돌리게 되었다.

업계의 매출 감소와 부당不當하게 명예가 더럽혀진 것은 뒤로 하더라도 죽염으로 건강 회복을 시도하려는 사람들에게 찬물을 부음으로써 오히려 대중의 권익을 보호한다는 방송이 반대의 작용을 낳게 된 것이다.

신문에 소개된 죽염 관련기사 살펴보기

2002년 8월 18일 동아일보에 '과연, 죽염은 신약神藥인가, 아니면 소금의 일종일 따름인가?'라는 ○○○ 기자의 기사가 있고, 2003년 8월 30일 중앙일보에 '죽염에 얽힌 사이비 과학의 폐해'라는 제목으로 중앙일보 의학전문 기자 ○○○ 의사가 소개한 기사가 있다.

이 기사들을 살펴보면 언론이나 의사들이 죽염에 대해 상당히 왜곡된 견해를 가지고 있음을 확인할 수 있다.

> 「죽염은 안전한 신약神藥? 소금은 혈압을 상승시키기 때문에 인체에 해로운 것으로 알려져 있다. (중략) 죽염 옹호론자들은 죽염이 고혈압, 암 등을 치유하고 면역력을 증진 시킨다고 주장하지만, 의학자들은 소금의 일종일 뿐이므로 오히려 과다 복용하면 각종 성인병과 암을 유발한다고 말하고 있다.」
>
> – 동아일보

소금이 혈압을 상승시키는 것이 나쁜 일인가? 만약 소금이 혈압을 상승시키지 않으면 인체는 영양물의 세포 이동과 노폐물 배설과 같은 생리적 기능을 할 수 없다. 말 그대로 생명 활동이 정지되는 것이다.

앞에서 살펴본 것처럼 죽염은 소금과는 매우 다른 화학적, 생리적 반응을 나타낸다. 류효익 교수는 연구 논문에서 '일반인 14명을 대상으로 하루 15g씩 8주간 섭취케 한 결과 혈압에 유의할 만한 영향을 주지 않았다. 오히려 저혈압과 고혈압을 최적 혈압으로 맞춰준 사례도 나타났다'고 보고했다.

그리고 어떤 의학자도 죽염을 연구한 후 성인병과 암을 유발한다는 관련 논문을 발표한 적이 없다. 소금 관련 논문을 검색해보면「소금의 종류에 따른 염장 고등어의 항 돌연변이 효과 및 암세포 성장 억제 효과」「소금과 고혈압은 상관관계가 있는가」 등의 '소금이 인체에 이롭다'거나 '고혈압과 관계가 없다'는 식의 논문은 볼 수 있지만, 소금이 성인병과 암을 유발한다는 연구결과는 찾을 수 없었다.

> 「문제는 유기물의 형태가 됐든 효능을 지닌 복잡한 화학구조의 약물이 됐든 죽염의 제조과정처럼 수백 도의 고온에 오래 노출시키면 모두 단순한 몇 가지 무기물로 분해된다는 것이다. 무기물도 물론 생체에 필요하긴 하다. 건강을 위해 복용하는 영양제에 포함된 칼슘이나 철, 아연 등 미네랄이 바로 무기물이다. 하지만, 이들 무기물은 소량으로 충분하다. 게다가 죽염의 원료인 소금은 염소와 나트륨 외에 어떤 원소도 없다. 이를 어떻게 가열하든 염소는 염소이고 나트륨은 나트륨일 뿐 죽염 예찬론자들이 말하는 신비의 영약 성분은 탄생하지 않는다.」   - 중앙일보

'무기물은 소량으로 충분하다?'

과연 그럴까?

미국의 경우 국민 99% 이상이 충분한 미네랄을 섭취하지 못하고 있고, 전 세계 인구의 20억 명이 미네랄 결핍으로 정신적, 신체적 발육부진이 발생하고 있는 상황이다.

'소금은 염소와 나트륨 외에 어떤 원소도 없다?'

3장의 표 〈3-1, 2〉에서 살펴 보았지만 소금에는 수십 종의 미네랄이 존재한다. 기자는 무엇을 근거로 소금에 염소와 나트륨 외에는 어떤 원소도 없다고 한 것일까?

'가열해도 나트륨은 나트륨일 뿐, 염소는 염소일 뿐이다?'

소금을 녹이면 나트륨과 염소, 칼슘 등의 이온으로 존재한다. 이때 각 원소의 전자는 에너지를 얻거나 잃음으로써 전자궤도를 이동할 수 있으며 이온이 된다. 소금 속의 여러 원소는 똑같은 원소라도 다른 성질을 띨 수가 있고, 용융된 소금은 새로운 원소를 만들어 낼 수도 있다. 우리는 앞에서 죽염 성분분석을 통해 천일염에 없는 황화합물이 새로 생기는 것도 확인할 수 있었다.

물질은 화학적 조성이 달라질 때 그 성질은 완전히 달라진다. 죽염의 산화 환원 실험 및 하이포아염소산의 제거실험을 통해 염화나트륨과 죽염은 서로 다른 화학적 반응을 보인다는 것을 증명하였다. 또, 죽염의 조성과 구조 연구 결과 죽염과 소금은 전혀 다른 결정구조를 가지고 있으며, 화학적 조성이 다르다는 사실도 증명하였다. 즉, 소금을 대나무에 넣고 가열하여 만드는 죽염 제조과정을 통해 소금 속에 든 원소의 물리적, 화학적 성질이 변한다고 보아야 마땅하다.

기자의 설명처럼 '나트륨은 가열해도 나트륨'이라는 설명은 더욱 막연하고 비과학적인 추측의 결과물일 뿐이다.

「죽염은 단순히 건강보조식품일 뿐 치료제로서 효능을 지닌 약품이 아니다. 신약처럼 부작용과 효능을 검증하기 위해 대규모 사람들을 대상으로 장기간 임상시험을 거치지도 않았다. 이미 죽염을 과량 섭취한 뒤 고혈압 등이 악화됐다는 연구결과들도 잇따라 나오고 있다. 이것은 다이옥신과는 다른 차원의 문제. 죽염이 소금과 다르다는 주장도 있으나 죽염 역시 체내에서 흡수되면 소금처럼 혈관 내로 물을 끌어들여 혈압을 올린다. 고혈압 환자가 죽염을 서너 숟가락씩 퍼먹는 것은 자살 행위나 다름없다. 죽염은 아무리 관대하게 생각해도 효능에 대해 과학적 근거를 대기 어렵다는 것이 필자의 생각이다.」　　　　　　　　　　　　　　　　　　　　　　　－ 중앙일보

'부작용과 효능을 검증하기 위해 대규모 사람들을 대상으로 장기간 임상시험?'

20년 이상 대한민국의 수없이 많은 사람이 이용해 온 죽염이 신약의 임상실험 숫자와 비교가 될 수 있을까?

'죽염을 과량 섭취한 뒤 고혈압 등이 악화됐다는 연구결과들도 잇따라 나오고 있다?'

우리나라에서 '죽염을 섭취하면서 고혈압이 악화되었다'는 연구논문은 단 한 건도 없다. 국회도서관이나 중앙도서관의 국내 논문 검색을 통해서 당장 확인이 가능한 일이다. 왜 이렇게 없는 사실을 있는 것처럼 둔갑시켜 죽염을 폄하하려는 것일까?

없는 사실을 있는 사실로 둔갑시키면서 기자 입맛대로 작성하는 것이 공정한 기사일까? 참이 거짓으로 되고, 거짓이 참으로 둔갑한다면 그 피해는 모두 우리 몫이 된다.

이 기사는 또 '세상에 소금을 굽거나 태워 먹는 나라는 우리나라밖에 없다'면서 그럴 가치가 없다고 폄하한다. 일본 후쿠시마 원전의 방사능 물질이 바닷물을 오염시키기 시작했고, 앞으로 환경오염으로 인한 바닷물의 오염은 더욱 심각해질 것이다. 따라서 태움과 용융 방식의 염가공법을 거친 뒤에라야 우리가 먹을 수 있는 소금이 될 것이라고 필자는 단언한다. 그렇지 않다면 미네랄이 없고 화학첨가물이 들어있는 정제염을 먹을 수 밖에 없지 않는가! 오히려 '세상에 소금을 굽거나 용융시켜 불순물을 제거하는 완벽한 기술을 가진 나라는 우리나라밖에 없다'는 것에 자부심과 긍지를 가져야 한다.

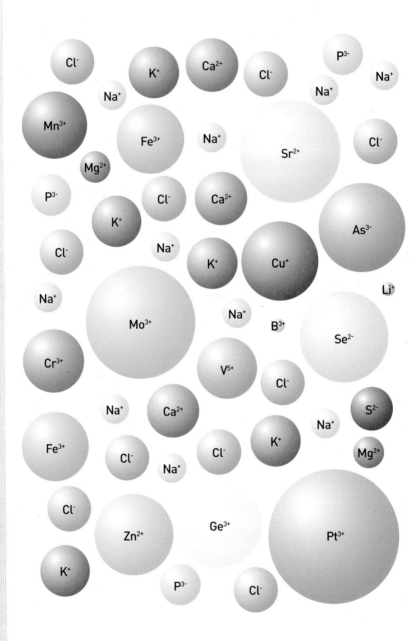

죽염이 1,300℃로 용융되면 미네랄은 이온으로 된다.

Part 6

죽염 활용법

소금을 8회를 굽고 9회째 송진불의 고열로 용융하면 용암처럼 뜨거운 액체 상태가 된다. 이 용액이 굳으면 돌덩어리처럼 단단하게 되는데 이것이 완성된 죽염이다.

응고된 죽염을 선별한 후 분쇄한 다음 체로 쳐서 콩알 크기의 알갱이, 쌀알 크기의 알갱이, 거친 분말 등을 만들고 기계로 갈아서 미세한 입자로 만든다. 여러 형태의 죽염을 용도에 맞게 선택해서 활용한다.

죽염의 **1일 권장 섭취량**

각 나라마다 식습관이 다르고, 또 개인마다 먹는 음식의 종류와 질이 다르기 때문에 세계보건기구WHO가 정한 하루 5~6g이라는 소금 섭취 기준은 결코 정답이 될 수 없다. 소금을 먹는 섭취량은 개인의 식습관에 따라 다를 수 있고, 어떤 소금을 먹느냐에 따라 인체에 미치는 영향이 달라서 일일 소금 권장 섭취량은 큰 의미가 없다.

WHO의 기준보다 훨씬 많은 소금을 섭취하고도 건강하게 사는 사람이 얼마든지 있을 수 있으며, WHO의 기준으로 사느라 건강에 치명적인 손해를 감수해야 하는 사람 또한 있는 것이다.

육식을 많이 하는 서양인들의 식습관은 고기로부터 많은 염분을 섭취하게 된다.

채소에는 나트륨보다 칼륨이 과도하게 많다. 소금 없이 채소만 먹는다면 혈액 중 칼륨의 농도가 높아지게 되어 과過칼륨 혈증이 발생하게 되어 근육마비, 심장마비를 초래할 수도 있다. 인체 내에 칼륨의 전해질 농도를 적절하게 유지하는 것이 바로 나트륨이기 때문이다.

예전에 채식을 많이 한 우리 선조는 고추장, 된장 등을 이용해 칼륨과 나트륨의 균형이 이루어지는 식단을 자연스럽게 구성하였다.

국내에 죽염이 생산된 지 약 25년 동안 죽염에 대한 소비는 해마다 증가하고 있다. 죽염 치약, 죽염 젓갈, 죽염 간장, 죽염 된장, 죽염 김치 등 관련 응용 상품은 해마다 그 가짓수가 늘고 있다. 생명이 비교적 짧은 일반 건강식품과는 다르게 죽염은 25년간을 장수해 왔으며, 학계의 관심과 연구과제가 되고 있다.

WHO는 소금의 섭취량을 줄이라고 하고, 각종 언론매체에서는 소금이 질병의 주원인인 것처럼 소개를 하고 있지만 죽염으로 건강을 되찾았거나 죽염의 효능을 경험한 이들은 일반 소금보다 값비싼 비용을 지불하고서라도 죽염을 애용하고 있다.

죽염의 하루 섭취량은 사람의 나이, 체질, 병증의 깊이에 따라 매우 다양하다. 일반적으로 음식을 통해 섭취하는 염분을 제외하고, 하루 8g~10g의 죽염을 침으로 녹여서 섭취한다. 이보다 더 많은 20g의 죽염을 매일 먹는 사람도 있다.

WHO나 현대의 과학적 기준으로 보면 그들은 분명히 이상한 사람들이지만 그들에겐 나름대로 경험을 통해 체득한 그들만의 죽염 건강법이 있다.

이름난 식당은 대체로 음식의 간이 싱거워서 죽염을 더 타서 먹지 않으면 맛을 제대로 느낄 수 없을 지경이다. 죽염을 애용하는 사람들은 휴대용기에 죽염을 넣어 가지고 다니면서 음식에 부족한 간을 죽염으로 더해서 먹는다. 죽염을 넣으면 음식의 맛이 살아나고 향미가 깊어지며, 부족한 미네랄을 보충하는 좋은 방법이 된다. 음식의 맛이 살아나고, 음식에 부족한 미네랄을 보충하는 좋은 방법이다.

필자는 아이 셋을 키우면서 싱겁게 먹이지 않고, 죽염으로 짭짤하게 간을 해서 먹는다. 때로 감기도 하고 몸살도 하지만 죽염이나 죽염 간장을 한 숟갈 먹인 뒤 따뜻하게 재우면 열이 내리고 대개 다음 날이면 씻은 듯이 일어난다. 감기 때문에 아이들을 병원에 데리고 간 적은 없었고, 비염과 축농증, 아토피 등의 병적인 증상 또한 없다. 짭짤하게 죽염을 먹음으로써 미네랄 부족을 해소하고, 죽염의 면역력이 몸을 잘 보호하고 있으니 각종 세균이나 바이러스가 쉽게 침범하지 못한다.

하루에 죽염 8g~10g 정도를 더 먹어주는 것은 현대의 생활과도 매우 관련이 깊다. 먹을거리가 화학물질에 오염되어 있고, 청량음료, 인스턴트 음식을 많이 먹음으로써 해독을 위해 보다 더 많은 효소가 필요하게 되었고, 여러 효소를 생성시키기 위해 보다 더 많은 미네랄이 필요하다.

누구보다 정갈하게 먹을거리를 준비할 수 있는 사람이라면 하루 3~4g의 죽염을 더 먹는 것만으로도 충분히 미네랄 보충이 가능하다.

하지만 과식過飮을 했거나 육식을 지나치게 했을 경우, 그리고 인스턴트 음식을 먹었을 경우라면 죽염 섭취량을 조금 더 늘려 줌으로써 소화와 해독작용을 그만큼 높여주어야 한다.

또 여름철 땀을 많이 흘리고 지칠 때는 더 많은 죽염을 먹어서 염분을 보충해 주어야 하며, 봄철 나른한 춘곤증이 생길 때도 죽염을 먹어두면 인체에 염분 소실이 줄어들어 그만큼 피로를 덜 느끼게 된다.

침으로 죽염 **녹여 먹기**

죽염을 섭취하는 가장 좋은 방법은 죽염 알갱이를 조금씩 자주 녹여 먹는 것이다. 「동의보감」에는 침을 '옥샘玉泉', '금물金漿'이라고 하여 침을 뱉지 말고 항상 머금어 산키면 얼굴이 빛나게 된다고 했다.

침에는 이렇게 여러 종류의 효소와 미네랄, 호르몬 등이 들어 있는데, 죽염과 합쳐지면 이러한 물질들은 더욱 활성화된다.

구강암으로 방사선 치료를 한 환자 또는 당뇨, 파킨슨, 자가면역질환 등이 생기면 침샘이 말라 침이 잘 분비되지 않아 음식을 삼키고 말을 하는데 매우 불편한 증상을 호소한다. 죽염을 입에 넣고 사탕처럼 물고 있으면 침샘을 부드럽게 자극해 입안에 침이 자연스럽게 생겨 불편한 증상이 많이 호전된다.

죽염을 침으로 녹여 먹을 때 생긴 진액津液은 구강을 깨끗하게 하고 이를 튼튼하게 하며, 기관지를 지나면서 기관지에 있는 염증을 제거한다.

깨끗한 영양소를 받아들이고 노폐물을 배설하는 신진대사가 원활하게 이루어지지 않으면 인체의 체액은 독소가 배출되지 않는 독액毒液에 가깝게 된다. 독액에 가까운 체액은 세포를 병들게 하고 결국 암세포를 만들게 된다.

죽염을 조금씩 먹다 보면 침은 진액津液이 되고, 인체의 신진대사는 원활하게 이루어져서 체액의 독은 해독된다.

죽염을 침으로 먹을 때 혀 가운데 가만히 올려둔다. 그리고 자연스럽게 침이 고이면 그 침을 조금씩 삼킨다. 침으로 녹여 먹고 바로 물을 마시면 죽염과 어우러진 진액津液이 희석되므로 물먹는 간격을 조금 띄우는 것이 좋다.

물로 죽염 먹기

죽염을 침으로 늘 녹여 먹다 보면 입안이 조금씩 헐기도 한다. 그래서 조금 많이 섭취해야 할 필요성이 있는 사람은 물로 죽염을 그대로 삼키거나 분말을 물에 녹여서 간간하게 마시는 것도 무방하다.

운동을 하고 땀이 흐를 때 마시는 음료가 이온음료이다. 이온음료란 나트륨과 염소, 칼륨 등이 녹아있는 것인데, 소금물에 맛을 내기 위해 약간의 당분을 첨가한 것이다. 죽염을 물에 녹이면 질 좋은 나트륨, 칼륨, 염소 등의 원소로 이루어진 이온음료와 같다. 이온음료가 +200~300㎹의 산화력을 보이는 반면에 죽염을 1g 정도 녹인 물은 -200㎹ 이상의 큰 환원력을 지닌다.

이온음료에 비해 죽염을 녹인 물은 운동으로 과다 발생한 활성산소를 빠르게 줄여주고, 인체의 전해질 농도를 적정하게 맞추어 피로를 보다 효과적으로 개선시켜준다.

죽염으로 **음식 간하기**

토양오염으로 인해 절대적으로 미네랄이 부족하게 되었고, 각종 식품을 오염시킨 화학물질을 해독하기 위해 더욱 더 다량의 미네랄을 필요로 하게 되었다.

음식에 죽염을 넣어 먹는 것으로 부족한 미네랄을 보충하며 죽염의 항산화작용으로 인체에 발생하는 활성산소를 제거한다.

이외에 죽염을 이용하여 만드는 많은 응용 식품을 이용할 필요가 있다. 죽염 간장, 죽염 된장, 죽염 고추장, 죽염 젓갈, 죽염 김치 등 소금이 들어가는 곳이면 모두 죽염이 활용될 수 있다.

그 비싼 죽염을 어떻게 반찬에 넣어 먹을 수 있을까? 라는 생각을 할 수도 있지만, 질병을 예방하면서 생기는 부수적인 경비 절감의 효과는 오히려 가정을 더 행복하게 하지 않을까!

죽염을 먹으면서 나타나는 **명현 반응**

우리가 특정 약이나 식품을 섭취함으로써 나타나는 인체 내 반응을 거부반응 또는 명현 반응이라고 부른다. 일반적으로 화학물질인 양약洋藥은 인체의 원소와 다른 화학적 조성을 띰으로써 인체의 세포는 대항하려고 하거나 배출하려는 일련의 작용을 시작한다. 그러한 과정에서 통증 및 구토가 일어나는데 이러한 거부반응을 총칭해서 약물의 부작용이라고 할 수 있다.

하지만, 자연계의 물질을 이용해 만든 건강식품을 먹음으로써 나타나는 일시적인 반응은 거부반응이 아니라 몸이 좋아지면서 나타나는 일종의 현상으로 명현 반응이라고 한다.

죽염을 먹으면서 나타나는 대표적인 명현 반응으로 구토를 들 수 있다. 노폐물이 배설되지 않고 위장 속에 거품 같은 담痰이 많은 사람이 죽염을 먹으면 담이 삭아 없어지는 과정에서 구토 증상이 나타나고 실제로 토하는 사람들도 있다. 이런 명현 반응을 한 번 겪고 나면 대부분 죽염을 먹기 싫어하는데, 이럴수록 내 몸이 나쁜 상태라는 것을 인식해서 더욱 열심히 섭취해야 한다.

하루 3~4g 정도로 조금씩 먹다가 차츰 그 양을 늘려나가면 며칠 안에 이런 구토 증상은 씻은 듯이 없어진다. 양치를 하면서 헛구역질을 하는 사람들도 대부분 위장에 담이 많은 경우인데 죽염을 섭취하면 좋아진다.

위장이 건강하지 못하면 어지러운 현기증도 생기며, 감정의 기복이 심하고, 신경질과 짜증을 잘 부리게 된다. 이런 증상을 보이는 아이라면 과자나 햄버거 등의 인스턴트 음식을 많이 먹어 화학물질로 위장이 오염되고 담痰이 성盛한 상태이다. 죽염을 먹으면 위장 속 화학물질은 배설되고, 위벽이 건강해지면서 정서 또한 안정될 수 있다. 내 아이가 쉽게 짜증을 내고 집중력이 떨어진다면 먼저 위장의 건강을 한 번쯤 살펴보아야 한다.

죽염을 먹으면서 나타날 수 있는 반응은 체질과 병증에 따라 다르겠지만 대체로 변비, 설사, 구토, 어지러움, 통증, 감기몸살 등이 나타난다.

간혹 피부발진과 같은 증상이 동반되기도 하는데 이 역시 인체의 나쁜 노폐물이 피부 밖으로 나가면서 생기는 일시적인 증상이라 걱정할 것이 없다. 독한 냄새가 나는 방귀가 갑자기 많아지거나 일시적인 설사를 동반하기도 하지만 역시 노폐물과 숙변이 제거되는 일련의 증상이다.

내 몸에 나쁜 독소를 이렇게 쌓아두고 살고 있었다는 사실을 죽염을 머으면서 스스로 느끼게 될 것이다.

● 신장병 환자가 죽염을 먹어도 되는가?

신장에 병이 있는 분들한테 가장 많이 듣는 질문이 '죽염도 소금인데 먹어도 되는가?'이다.

죽염은 틀림없이 소금이 맞다. 그런데 소금 없이 살 수 있는 사람은 없다. 환자에 따라서 차이가 있지만 아주 소량이라도 소금은 반드시 먹어서 체액의 균형을 유지시켜 주어야 세포가 살 수 있고 생명 활동이 가능하다.

신장병 환자가 질 좋은 소금인 죽염을 먹자는데 반대할 이유가 없는 것이다.

단, 신장이 매우 나쁜 신부전 환자는 죽염을 먹기 시작하면 일시적으로 손발이나 얼굴에 붓기가 발생할 수 있다. 이런 환자는 더욱 죽염이 필요한데 천천히 먹으면서 양을 차츰 늘려나가야 한다.

죽염의 분자구조는 일반 소금의 입자보다 10배 정도 작고, 전도도 Conductivity가 낮아 세포 막간의 이동이 일반 소금과 비교해 훨씬 용이하다. 따라서 소금을 먹고 부증浮症이 생기거나 소금 부작용이 있는 사람, 혹은 신장병 환자는 오히려 죽염을 먹는 것이 이롭다.

신장은 영양분과 소금을 재흡수 하여 다시 체액으로 돌려보내는 역할을 한다. 신장이라는 장기腸器가 소금을 다시 흡수해주지 않았다면 인간뿐만 아니라 동물은 염분의 소실로 육지에서 살 수 없었을 것이다. 영양분과 소금의 재흡수를 담당하는 신장의 기능은 체액의 농도구배에 의해 일어나는 현상인데 소금이 부족하면 원활히 그 기능이 수행되지 못한다. 체액의 전해질 농도를 유지하기 위해 인체는 필수적으로 소금이 필요하다. 저염식을 장기간 하게 되면 신장을 통해 배설되는 나트륨을 다시 인체에 끌어들이는 레닌, 앤지오텐신 등의 호르몬을 분비시키는 대사과정이 빈번하게 발생한다. 이는 곧 신장을 더 지치게 만들고 병들게 하고 고혈압 및 당뇨의 원인이 되기도 한다.

죽염을 먹고 손발이 붓거나 부증浮症이 심한 환자의 경우에는 매우 적은 양부터 시작해 조금씩 죽염을 늘려 나가면 신장의 흡수와 배설 기능이 조금씩 살아나기 시작한다. 그다음부터는 섭취량을 조금 더 늘려도 부증이 생기지 않는다.

●
고혈압 환자가 죽염을 먹어도 되는가?

'죽염도 소금인데 고혈압환자가 먹어도 되는가?'라는 질문을 수도 없이 하는데, 필자는 한결같이 '미네랄이 풍부한 질 좋은 소금을 섭취하는 데 반대할 이유가 없지 않는가?'라고 되묻는다.

앞에서 우리는 소금이 고혈압의 원인이 아니라는 것을 살펴보았다.

고혈압을 일으키는 근본 원인은 기름진 음식을 많이 먹고 운동을 적게 하는 현대인의 그릇된 식생활 때문이지 소금 때문이 아니다. 현대인의 식생활을 문제 삼기보다는 '소금은 고혈압을 일으킨다'는 허무맹랑한 거짓이 진실로 둔갑해서는 안 된다. 채식 위주의 가벼운 식사와 적절한 운동이라면 정상 혈압을 어렵지 않게 유지할 수가 있다.

우리 인체의 혈관을 모두 연결하면 지구 두 바퀴 반의 길이에 해당한다. 이 혈관은 굵은 것도 있지만 매우 가는 모세혈관이 존재하는데, 이 모세혈관은 적혈구 하나가 간신히 통과할 수 있는 크기를 지니고 있다. 고지혈高脂血증에 의해 적혈구가 두 개, 세 개 엉겨 있을 경우에는 엉겨진 적혈구가 모세혈관을 통과하기 어렵게 되며, 이때 심장은 압력을 높여서 혈액을 흐르게 하려고 한다.

따라서 고혈압의 원인 치료를 하려면 근본적으로 혈액의 상태를 개선하는 방법밖에 없다. 적혈구가 엉겨있지 않고, 탄력있는 원형 상태의 모양을 잘 이루고 있어서 모세혈관을 순조롭게 흘러갈 수 있다면 불필요하게 심장은 압력을 높이지 않아도 된다.

기름진 통닭과 피자, 저녁에 삼겹살에 소주 한 잔, 배부르게 먹고 자는 이 모든 생활습관이 고혈압의 원인이다. 현대인들은 배고픔을 모른다. 풍부한 음식이 지천이라 배가 고프면 금방 무언가를 찾아서 먹기 때문이다. 이로 인해 위장을 비롯한 십이지장, 소장, 대장은 쉴 새 없이 밀려 들어오는 음식물을 처리해야 한다. 에너지가 크게 필요 없는 밤에 몸은 필요 이상의 영양분을 태워 없애야 한다. 그래서 인체는 밤에도 쉬지 못하고 계속 일을 하게 되며, 과도한 세포의 활동으로 쉽게 지치거나 피로해지게 된다. 곧 처리 불능이 되고 필요한 영양분 이외에 잉여剩餘분은 세포 안에 쓰레기가 되어 쌓인다. 이러한 잉여분은 암세포를 분열시키는 원료로 사용되고, 혈관에 들러 붙어 혈액의 흐름을 막아 심혈관계 질환을 만든다. 마음껏 먹고 배부른 채로 잠드는 것은 천국으로 가는 걸음을 더 빨리 당기는 일이다.

죽염이 지방과 콜레스테롤 수치를 줄여준다는 여러 건의 임상보고가 있었다. 죽염의 이런 기능을 통해 적혈구는 제 모습을 되찾고 탄력적인 원형모양을 형성하여 모세혈관을 흘러가기가 한결 좋아진다. 또한, 죽염 속의 칼륨과 칼슘이 나트륨을 적절하게 견제하여 잉여분의 나트륨을 배출시켜 줌으로서 고혈압을 예방하고 치료하는 효과를 거둘 수 있다.

죽염의 이런 효과는 일정 기간 죽염을 섭취 후 지방 및 콜레스테롤 검사 그리고 적혈구의 모양을 현미경으로 살펴보면 확인이 가능하다.

고혈압 환자가 죽염을 섭취하는 방법은 신장환자와 마찬가지로 서서히 그 양을 늘려가는 것이다. 오래된 고혈압 환자는 특히 소금에 민감한 반응을 나타내는 소금민감성Salt Sensitiviy지수가 증가한다. 적게 섭취하면서 차츰 늘리면 된다. 다만, 소금을 줄임으로 인해 고혈압을 억제하려고 해서는 안 된다. 소금을 줄이는 것은 고혈압을 치료하는 것이 아니라 일시적으로 억제하는 수단일 뿐이다.

오히려 저염식으로 인해 면역력이 저하되고 미네랄부족 등으로 효소의 활성이 저하되면 다른 질병을 일으킬 가능성이 크다.

고혈압이 있다면 기름진 식사를 줄이고 죽염으로 음식의 간을 해서 먹어야 한다. 죽염를 통해 혈압을 억제할 수 있는 여러 미네랄을 얻게 되며, 산화력이 강한 식품은 환원력이 있는 식품으로 바뀌어 인체의 노폐물 배설을 용이하게 한다. 인체의 체액과 혈액은 깨끗해지고 혈행血行의 흐름이 개선되기 시작하면 자연스럽게 혈압은 적정한 수준으로 회복될 것이다.

죽염으로 **양치**하기

죽염이 치아우식증齒牙齲蝕症과 잇몸질환에 효과적이라는 논문이 발표되었고, 죽염치약이 만들어지면서 많은 사람이 그 효과를 톡톡히 보고 있다.

치약에 들어 있는 죽염은 매우 소량인데, 보다 더 큰 효과를 얻기 위해서는 분말을 칫솔에 묻혀 그대로 양치하는 것이 좋다.

죽염을 작은 통에 담아 욕실에 두고 활용한다. 죽염은 여러 번 구워 만든 것이라 수분이 전혀 없는데 습기가 높은 욕실에 오래두면 굳어져 버린다. 조금씩 자주 덜어서 활용하는 것이 요령이다. 칫솔은 죽염 양치용과 치약용으로 구분해서 사용하면 편하다.

아침에 일어나자마자 죽염을 칫솔에 살짝 묻힌 후 양치를 하고 그 침을 뱉지 말고 삼킨다. 불결하다고? 만약 그렇게 생각한다면 침과 섞인 밥도 뱉어야 하지 않을까. 침은 우리 몸의 중요한 소화물질이자 면역물질이다. 우리 선조들은 아침에 소금으로 양지를 하고 눈을 닦은 후 삼키곤 했다. 침을 자주 뱉으면 단명短命한다는 말이 있는데, 침은 우리 몸에서 필요로 의해 생성하는 진액이기 때문이다. 죽염과 섞인 침은 뱉지 않고 그대로 삼키는 것이 건강에 좋다.

양치를 한 후 오래 머금고 있을수록 좋다. 짠 기운도 가시면서 침이 매우 부드럽게 느껴질 때 삼킨다. 그리고 죽염으로 양치를 하고 난 다음에는 헹구지 않는 것이 좋다.

죽염 양치를 오래 하다 보면 죽염에 있는 여러 미네랄이 치아와 산화 환원 반응을 해 치석이 생기거나 이가 약간 누런빛을 띠게 되는 경향이 있다. 1주일에 3~4번만 치약으로 이를 닦으면 이런 현상은 없어진다.

죽염으로 **비염, 축농증 치료**하기

코는 인체의 온도, 습도 조절과 함께 정화작용을 하는 매우 중요한 기능을 지니고 있다. 인체의 건강을 지켜주는 첫 번째 관문이 코라고 해도 과언이 아니다. 코의 기본적인 기능이 마비됨으로써 뇌 기능 저하, 정서불안 및 다양한 질병의 원인이 된다.

현대의학이 매우 우수하다고는 하지만 비염, 축농증을 완치시킬 수 없다. 항생제와 약물로 이런 질병을 치료할 수 있다면 한의원과 대체요법으로 이러한 질환을 치료하려고 시도하는 사람은 없을 것이다.

비염과 축농증은 왜 생기며, 단순하게 보이는 이 병이 왜 고치기 힘든 것일까?

오염된 환경과 좋지 않은 먹을거리가 이러한 병을 일으키는 요인이라는 것은 재차 설명할 필요가 없을 것 같다.

이제 우리는 환경과 먹을거리를 개선할 때 비로소 병을 고치고 예방할 수 있다는 것을 자각하고 깊이 인식해야 한다. '어떤 질환에 무슨 약, 무엇이 좋다'라는 단순한 접근법을 버려야 한다.

비염과 축농증은 단순히 코에 생기는 염증성 질환이 아니다. 질병에 저항할 능력이 낮아지면서 가장 먼저 나타나는 질환이 바로 코 질환이다.

인체의 자연치유력은 몸의 염증을 체외로 배출시키려는 노력을 기울인다. 따라서 비염, 축농증 혹은 가래가 끓는 초기 증상일 때 '내 몸의 면역력이 약해지면서 몸에 염증이 생기고 있다는 신호를 보내고 있다'라는 생각을 해야 한다.

먼저, 인스턴트 및 가공식품의 섭취를 줄여야 한다. 그리고 면역력을 증가시켜주고 인체를 해독할 수 있는 간장, 된장, 고추장, 김치 등의 발효식품과 바른 먹을거리를 먹어주려는 노력을 기울여야 한다.

이런 노력 없이 항생제 혹은 약으로 치료하면 일시적인 도움을 받겠지만, 근본적인 원인치료는 절대 될 수 없다. 오히려 약물치료는 때로 면역력을 저하시키고 병의 원인을 더 안으로 숨어들게 해서 더욱 난치 질병을 만들수도 있다.

우리가 먹을거리에 대해 바른 인식을 하지 않은 채 병을 치료하려는 것은 모래 위에 집을 짓는 것과 같다.

죽염을 활용해서 비염과 축농증을 효과적으로 예방 혹은 치료할 수 있는 방법을 구체적으로 알아보자.

첫째, 죽염으로 음식의 간을 짭짤하게 해서 먹는다

먹는 음식에 죽염을 활용하는 것만으로 웬만한 비염과 축농증은 다스려진다. 죽염을 통해 고른 미네랄을 섭취할 수 있고, 해독효소의 정상적인 활성화로 인체의 독소를 배출한다. 각 세포는 죽염의 항抗균, 항抗염 작용에 의해 비염, 축농증을 치료하게 된다. 미네랄이 빠져 있는 정제염을 먹어서는 원활한 신진대사를 기대하기 어렵다.

둘째, 염도 약 26% 정도로 만든 포화죽염수를 3~5배 정도 희석해서 코에 스프레이를 뿌려준다

죽염을 물에 녹여서 콧속에 뿌려주면 죽염의 살균력이 콧속을 소독하고, 삼투압현상으로 염증을 뽑아낸다. 죽염을 녹인 물의 농도는 어린아이라면 연하게, 성인이라면 조금 진하게 해서 활용하는 것이 좋다. 분무했을 때 약간 따끔할 정도면 좋은데, 본인에게 맞게 농도를 조정해서 사용한다.

한쪽 코로 죽염수를 들여마시고, 다른 쪽 코로 내뱉는 것도 한 방법인데 통증이 따른다. 주사기를 이용해 콧속 깊숙이 죽염수를 넣는 것도 한 방법이다.

포화죽염수
죽염을 최대한 물에 많이 녹여 더 이상 녹지 않는 죽염의 포화상태로 약 26%의 염도를 보인다. 사진에서 왼쪽의 작은 용기가 30㎖이다. 여기에 10㎖의 포화죽염수를 채운 뒤 나머지 20㎖는 생수로 채워서 활용한다. 이때 염도는 염도는 약 6%가 된다.

셋째, 알갱이 죽염을 침으로 녹여서 먹는다

비염, 축농증의 뿌리는 콧구멍의 매우 깊은 쪽에 자리 잡고 있어서 콧물이 생기면 목구멍 안쪽으로 넘어간다.

벌레나 모기에 물렸을 경우, 침을 바르면 괜찮아지는 경우가 많은데 이는 침의 살균력 때문이다. 침이 죽염과 합쳐지면 소독 효과가 훨씬 증가한다.

죽염을 침으로 녹여 먹으면 죽염과 침이 어우러져 면역물질이 되고, 목구멍 안쪽과 콧구멍이 닿아 있는 부분으로까지 약성이 미친다. 위장과 소장에서 흡수된 죽염의 미네랄은 혈액으로 퍼져가고 각종 해독 효소가 활성화되면서 노폐물을 배설하는 올바른 신진대사가 진행된다. 이렇게 죽염이 몸 전체를 바로잡아 비염, 축농증을 치료하게 된다.

몸을 근본적으로 바꾸는 노력을 기울일 때에 비로소 비염, 축농증이 다스려진다.

●
죽염으로 **백내장, 눈병 치료**하기

안구 수정체는 주로 단백질로 이루어져 있는데, 이것이 변성되면 안구가 탁해진다. 눈으로 들어오는 빛은 수정체를 통과하면서 굴절되어 망막에 상을 맺게 되는데, 백내장은 이러한 수정체가 혼탁해져 빛을 제대로 통과시키지 못하게 되면서 안개가 낀 것처럼 시야가 뿌옇게 보이게 되는 질환이다.

수정체의 단백질은 글루타치온Glutathione이 주성분이다. 글루타치온은 씨스테인Systein, 글루타믹에시드Glutamic acid, 글리신Glycine 이 세 개의 아미노산으로 구성된 작은 단백질로서 해독작용에 관여한다. 글루타치온은 항抗 산화제로서 중요한 역할을 담당하며, 중금속 같은 독성 물질에 붙어서 소변이나 담즙으로 배설될 수 있는 모양으로 중금속을 바꾸는 역할을 한다. 또한 글루타치온은 활성산소, 농약, 환경호르몬, 각종 독성물질로부터 보호할 수 있는 역할을 한다.

눈은 외부의 환경에 직접 노출되어 있어서 오염되기 쉬운데, 글루타치온이 주성분으로 이루어져 있어서 항상 해독과 산화를 방지하는 역할을 한다.

그런데 글루타치온이 제 기능을 잃고 산화가 되면 단백질이 변성되고 탁해져서 백내장의 증상이 나타난다. 이것을 개선하는 방법은 환원형 식품을 먹어서 산화로부터의 변성을 방지하는 것이다. 환원식품을 꾸준히 섭취함으로써 글루타치온이 가진 본래의 환원기능을 회복시켜주어야 하며, 환원력이 강한 죽염을 직접 안약으로 활용할 수 있다.

백내장을 치료하기 위해서 아침에 일어나면 제일 먼저 죽염을 침으로 녹인 후 그 침으로 눈을 닦아준다. 죽염의 환원력과 침의 진액이 합해져 눈에는 좋은 안약이 된다. 이 방법은 하루 중에도 여러 번 시행해 주는 것이 좋다. 변성된 단백질은 침과 죽염의 환원작용에 의해 수정체에 있는 혼탁한 기름을 분해하여 없애는 역할을 하게 된다. 유행성 결막염을 비롯한 눈에 생기는 모든 눈병은 이런 방법을 통해 효과를 볼 수 있다.

평소에 죽염 안약을 만들어 두고 안구 건조증 및 각종 눈병에 활용하면 좋다.

1g의 죽염을 물 100㎖에 녹이면 약 0.9%의 염도가 된다. 30분 동안 가만히 두면 미량의 숯은 아래로 가라앉는다. 윗물을 안약으로 사용하거나 여과지에 걸러서 사용하면 된다. 0.9%는 우리 몸의 체액의 염분 농도와 같기 때문에 눈에 넣어도 따갑지 않고 시원한 느낌이 든다.

포화죽염수를 이용할 경우 죽염수 1㎖에 증류수 25㎖를 부어 사용하면 0.9% 정도가 된다.

죽염 1g

사용했을 때 약간 따갑다고 느낄 정도가 좋지만, 눈에 넣어보고 불편을 느낄 정도면 물을 더 첨가해 농도를 희석한다. 개인마다 소금 차이가 있을 수 있기 때문에 경험하면서 희석비율을 1%~5% 정도로 조정해서 사용한다. 죽염을 물에 녹인 뒤 안약으로 사용하면 처음에는 조금 따끔하지만, 시간이 지나면 시원한 느낌이 든다. 안약으로 사용하는 죽염 용액은 농도가 진하지 않기 때문에 변질될 우려가 있으니 냉장고에 넣어두고 그때그때 활용하는 것이 좋다.

컴퓨터 모니터, TV, 각종 전자기기를 장기간 사용하게 되면서 안구 건조증을 겪는 사람들이 많다. 죽염으로 안약을 만들어두고 수시로 활용하면 도움을 받을 수 있다. 죽염의 환원력이 눈의 수정체에

도 작용해 노폐물을 배설하여 백내장 질환을 예방하고 치료하는데
도움이 된다.

죽염으로 각종 **알레르기, 피부병 치료**하기

과거에는 없던 아토피, 천식이 만연하고, 면역력 저하로 하루걸러
한 번 병원에 가는 아이들이 많다.

유전자가 변형된 사료와 항생제로 키운 동물성 식품, 농약으로 생
산된 농산물, 식품첨가물이 들어간 가공식품이 급증한 것이 모두 알
레르기 반응과 관계가 깊다.

알레르기 반응이란 자신의 성분과 다른 것이 내 몸에 들어왔을 때
일어나는 반발반응反撥反應이다. 꽃가루나 진드기에 의한 반응이라면
원인을 제거하는 노력을 기울일 수 있다. 하지만, 문제는 화학물질에
의한 알레르기이다. 자연과 멀어진 식습관과 오염된 환경으로 발생
하는 알레르기는 대처하기가 상당히 어렵다. 게다가 인스턴트 세대
들은 이미 어머니 뱃속에서 건강한 세포조직을 갖고 태어나지 못한
탓에 우유나 땅콩, 밀가루에 민감한 알레르기 반응을 보이고, 심지어
모유에도 알레르기 반응을 보이는 경우도 있다.

아이들에게 바른 먹을거리를 찾아서 준비해 주는 엄마들의 지혜
가 필요하다. 아토피가 있는 아이는 우선 환원력이 높은 식품을 먹
게 해야 하는데, 죽염으로 음식의 간을 하면 대부분의 식품은 환원
력을 지니게 된다.

아토피가 있는 아이들은 모든 가공식품을 피하고 된장, 김치, 채소 등의 정갈한 식사를 해야 한다. 이런 정갈한 음식에 죽염으로 간을 하는 것은 미네랄을 보충하고, 인체의 해독과 환원작용을 도와 정상적인 세포가 재생될 수 있도록 돕는다. 이러한 과정에서 진물이 나오거나 가려움증이 더 심하게 되는 명현반응이 나타나게 되는 경우도 있지만, 이 과정을 여러 번 반복하게 되면 완전하게 원인치료를 할 수 있다.

아토피를 완쾌시키는 방법은 근본적으로 튼튼한 세포를 재생시켜 변질된 세포를 버리는 방법이어야 한다.

●
죽염으로 **위장병 치료**하기

왕기 교수의 임상연구 결과에서 죽염은 위장병에 91.95%의 유효율을 보였다고 보고했다. 죽염은 인체에 미치는 여러 가지 치료 효능이 있지만 특히 위장병에 효과가 크다.

위장병에 죽염을 효과적으로 섭취하는 방법은,

첫째, 죽염을 침으로 녹여서 섭취한다.

죽염과 침이 합해져 면역물질이 되며 기관지 염증, 위궤양이나 위염에도 좋은 효과를 발휘하게 된다.

소화불량은 위장의 운동기능이 저하되거나 위액의 원료 부족, 미네랄 부족으로 각종 소화효소가 제대로 활성화되지 않아 생긴다.

죽염을 소나무와 송진불의 고열로 9번을 거듭 굽는 과정에서 소금의 찬 성질이 따뜻한 성질로 변한다. 죽염을 침으로 녹여 먹으면 위장이나 아랫배가 따뜻해지는 것을 느낄 수 있는데, 죽염의 성질이 따뜻한 기운을 간직했기 때문이다. 죽염의 이런 따뜻한 성질은 위장의 운동기능을 돕고 위액과 각종 효소의 원료로 활용되면서 소화를 돕는다.

위염산HCl의 과다 분비로 발생하는 식도염과 위염일 경우에도 알칼리 성질이 강한 죽염은 위산을 중화시켜 정상상태로 환원시켜 놓는다.

반대로 위산이 분비되지 않거나 위산이 부족한 저低 산증酸症 환자가 죽염을 섭취하면 위액의 원료인 염소와 풍부한 미네랄로 각종 소화효소가 활성화되어 우수한 치료 효과를 얻을 수 있다. 저低 산증酸症 환자는 80~90%가 위암으로 변이될 정도로 위산과다증보다 위험하다고 하는데 죽염으로 충분히 다스릴 수 있는 질환이다.

또 하나의 주요한 위장질환의 원인이 되는 것으로 담적痰積이라는 것이 있다. 담적痰積이란 인체에서 발생한 비정상적인 노폐물이 장기 조직이나 근육에 덩어리 형태로 단단하게 뭉쳐 있는 경우를 말한다. 특히 소화기관은 소화 과정에서 노폐물이 많이 발생하고 소화관 자체가 근육으로 이루어져 있기 때문에 담적痰積이 흔히 발생하는 부위다.

불규칙한 식습관이나 과식하는 버릇을 가진 사람들에게서 담적痰積이 흔히 발생하는데, 이는 많은 양의 음식을 소화하는 과정에서 위장 근육이 쉽게 피로해지기 때문이다. 위장은 소화가 진행되는 동안 운동을 하고, 이후에는 쉬어야 하는데 한꺼번에 많은 음식이 들어오거나 쉬는 시간 없이 음식이 들어오면 피로가 누적되어 담적痰積이 발생하게 된다.

담적痰積이 있는 사람은 위장이 쉽게 지치기 때문에 속이 답답하고 소화불량을 호소하는 경우가 많다. 항상 속이 더부룩하거나 자주 체하고 명치끝이 답답하거나 두통이 있고, 목과 어깨까지 결린다면 담적痰積을 의심해볼 수 있다.

담적痰積의 저자 최서형 박사는「담적은 과식, 폭식, 급하게 먹는 버릇 등 잘못된 식습관으로 인해 발생한다. 분해되지 못한 채 노폐물로 쌓인 음식물은 독소를 유발한다. 이 독소는 위와 장의 점막을 손상시키면서 투과해 점막조직에 쌓여 위를 딱딱하게 만든다. 이때 발생되는 독소와 위장질환은 우울증, 아토피, 동맥경화 등의 합병증을 부르기도 한다. 담적을 앓게 된 환자는 위장에서 발생한 독소로 인해 우울증을 야기한다. 우울증 호르몬은 일반적으로 뇌에서만 분비된다고 알고 있지만 실상 90% 정도가 위에서 발생한다」라고 설명한다.

죽염을 섭취하면 위장에 있는 담이 제거된다. 담이 제거되면 위장에서 발생하는 독소가 없어지면서 우울증과 정신이상이 호전될 수 있다.

둘째, 마늘을 구워 죽염에 찍어 수시로 섭취한다.

마늘은 염증을 제거하고 정상적인 세포를 만들어내는 거악생신去惡生新의 역할이 뛰어나니 각종 위장병을 치료하고, 암을 예방하는 항암식품으로 불린다. 병증에 따라 다르지만 육쪽마늘을 하루 5통(30쪽) 이상 구워서 섭취한다.

마늘과 죽염이 합쳐지면 몸 안의 공해독, 약독, 노폐물 등을 제거하고 세포를 정상적으로 재생하는 원료물질이 풍부해진다.

마늘을 구워서 죽염에 찍어 먹는 것을 한 달 정도 제대로 하면 피부가 좋아지는 것을 실감할 수 있다. 각종 아토피와 피부병에 구운 마늘과 죽염은 매우 효과적이며, 위궤양·십이지장궤양·위염·변비·설사·과민성 대장증후군 등 대부분 질환에 좋다.

세포가 인슐린을 인식하지 못해서 일어나는 현상인 인슐린 저항성으로 인해 발생하는 당뇨가 90% 이상을 차지하는데 이러한 당뇨는 미네랄과 밀접한 관련이 있다.

망간과 아연이 결핍되면 인슐린 저항이 증가해 포도당의 세포 내 흡수가 어렵게 된다. 따라서 크롬과 바나듐이란 미네랄이 포함된 죽염을 적절히 먹는 것은 당뇨를 효과적으로 개선하는데 도움을 준다.

건강해진다는 것은 각종 장기臟器의 기능을 정상적으로 유지하는 것에서 출발한다. 장기를 건강하게 하는데 구운 마늘과 죽염은 우수한 효과가 있다.

Part 7

죽염 체험담

체험자의 사전 동의를 얻어
죽염 체험 사례 아홉 편을 소개한다.

위궤양

이 병 민 (남 49세, 서울시 양천구 신정동, 2010년 7월 2일)

저는 20대 대학생 시절과 직장 생활 동안 과도한 음주와 흡연, 스트레스 등으로 인해 30대 초반부터 심각한 위궤양에 시달렸습니다.

위궤양 치료를 위해 9~10년 동안 병원에서 수시로 치료를 받으면서 수십 종류의 위궤양 약을 복용했습니다만 계속 재발이 되었습니다.

이렇게 궤양의 반복적인 재발 때문에 위와 십이지장 사이의 유문幽門이 헐었다 아물었다 하면서 관 통로가 급격하게 줄어들어 유문 협착까지 발생하게 되었고, 이로 인해 역류성逆流性 식도염까지 얻게 되었습니다.

더욱 심각한 것은 위출혈로 3번 정도 병원 응급실에 입원하는 소동을 겪기도 하였습니다.

2000년에 들어서 위출혈로 입원한 병원의 의사선생으로부터 유문 협착 제거 수술을 권유받았지만 10년 가까운 치료 기간 동안 느낀 점은 더 이상 서양의학으로는 임시 치료밖에 안 되고 근본적인 치유가 어렵다는 생각을 가지게 되었습니다.

그래서 인터넷을 통해 다른 방법을 찾던 중 인산의학과 죽염에 대해 알게 되었고, 지푸라기라도 잡는 심정으로 구운 마늘을 죽염에 찍어 먹는 치료를 해 보기로 결정했습니다.

2000년 5월경 시장에서 밭 마늘을 구입한 후 구워서 죽염에 찍어 먹는 요법을 시행했습니다.

한 3개월 정도 지나면서 서서히 호전되고 있다는 걸 느낄 수 있는 정도가 되었고, 마늘과 죽염으로 위궤양을 고칠 수 있다는 자신감을 가지게 되었습니다.

그리고 그동안 약사 친구에게서 사 두었던 비싼 위궤양약 십여 통을 쓰레기통에 다 버렸습니다.

지금 저의 위궤양은 거의 생활에 지장이 없을 정도로 다 나았고, 유문 협착도 상처의 아문 흉터 때문에 좁아진 관이 다시 커질 수는 없지만, 위장의 소화하는 기능이 좋아져서 역류성 식도염 등은 전혀 없는 상태로 아주 정상이 되었습니다.

다만, 위궤양은 스트레스 등으로 언제든지 재발할 수 있고, 회사생활, 사회생활을 하면서 스트레스가 없을 수는 없기 때문에 항상 조심하는 마음으로 죽염을 꾸준히 먹고 있습니다.

안구 건조증

김 혜 진 (여 27세, 경기 남양주시 도농동, 2010년 1월 22일)

저는 1년 전부터 안구건조증이 시작되어 점점 더 증세가 악화되고 있었습니다.

매일 아침 눈꺼풀이 안구와 붙을까 봐 겁나서 제대로 잠도 못 자고 눈곱이 많이 끼고 충혈도 심해서 인공 눈물을 항상 테이프로 벽에 붙여 놓고 눈에 넣곤 했어요. 원래 이렇게까지 심하진 않았는데 이번 겨울은 너무 심하더군요.

렌즈도 못 끼게 되고 해서 속상해하고 있는데 아시는 분께서 죽염수를 쓰시고 증세가 완화되었다고 하시는 겁니다. 그리고 조그만 병에 죽염수를 덜어 주셔서 사용하게 되었습니다.

원액이라 생수로 적당히 희석해서 자주 넣고 있는데요, 충혈도 많이 좋아졌고 눈곱도 끼지 않게 되어 너무 좋습니다.

주변에서도 눈이 맑아졌다며 알아보니 더 좋고요. 매일 안과를 가도 인공눈물 처방받는 게 다여서 고칠 수 있는 방법이 없는 것 같아 속상했는데, 죽염을 활용하면서 많이 완화되어 매우 좋습니다.

당뇨 초기

이 영 희 (여 59세, 경남 창녕군 부곡면 2006년 2월 27일)

저는 혈당이 식전食前 혈당血糖 146mg/dℓ, 식후 180mg/dℓ 인데 당뇨와 정상의 중간 수준의 단계, 즉 약을 복용해야 할 전前 단계인 '내당능耐糖能 장애'라 식이요법을 해야 된답니다.

그런데 약을 먹게 되면 약의 의존도가 높아져 혈당 수치가 정상으로 되돌아오기 어려우며 결국 나중엔 돌이킬 수 없는 합병증 등의 결과를 초래하게 된다며 저칼로리의 곡물 등 잡곡밥을 권유하시는 의사 선생의 말씀에 따라 식이요법을 시작했습니다. 너무 맛이 없어 고민하다가 죽염을 약간 넣어 밥을 지었는데 밥맛이 고소하고 잡곡이 훨씬 부드러운 느낌이 들더군요.

당뇨! 이거 아주 몹쓸 병이죠.

먹는 재미로 사는 저 같은 식도락食道樂이 먹고 싶은 것을 제대로 못 먹는 것이 참 죽을 맛이었습니다. 그래도 계속 죽염 든 잡곡밥을 먹으니, 오늘 아침, 세상에!

식전 혈당 106mg/dℓ, 식후 2시간 혈당 140mg/dℓ 이었습니다. 그리고 2개월에 2kg이 감량되었어요. 그래서 결국은 국, 밥, 반찬 다 죽염으로 간을 하지요.

죽염은 일반 소금보다 적게 넣어도 풍미風味가 있습니다.

치통齒痛

형 남 일 (남 69세, 경기도 성남시 수정구 신흥동, 2006년 2월 17일)

내가 죽염을 알게 된 것은 20여 년 전이다. 친지가 신약神藥이라는 책을 권하기에 읽어 보고 좋은 책이라고만 생각하고 지나쳤다.

그러다가 7년 전 치통을 몹시 앓게 된 일이 있었다. 치과에 가니 두 개의 이를 다시 해 넣으라는 것이다. 70이 가까워지는 나이에 큰돈을 들여서 그럴 필요가 있겠나 하는 생각이 들었다. 마침 딸이 죽염을 보내와 환부에 찻숟갈로 환부에 넣기를 하루 3~4회 3일 동안 하니 통증이 없어짐은 물론 잇몸의 부기浮氣가 빠지고 염증이 쏙 빠졌다. 그 뒤로는 하루 2회 정도 죽염 칫솔질을 하고 그 소금물을 그냥 삼키곤 한다. 7년간 치과에는 가지 않았다.

지금 나에게 있어 죽염은 상비약이다.

잇몸병 예방은 물론, 노안老眼이지만 끓여 식힌 물 한 컵에 죽염을 찻숟갈 반 정도 물에 타서 눈이 피로할 때 눈을 씻으면 개운하다. 지금도 책 읽기 컴퓨터 하기를 하루 7시간 정도 하니 눈 보호가 중요하다.

과음 과식하거나 속이 더부룩할 때 청수에 죽염 반 스푼 정도 풀어서 마시면 편하다. 식욕을 돕는 효과도 있음을 느낀다. 또 죽염은 소염 기능이 있어서인지 웬만한 상처에는 죽염을 뿌리면 덧나지 않는다.

알레르기성 비염

박 지 혜 (여 32, 서울 관악구 신림9동, 2005년 2월 24일)

저는 어릴 때부터 남들보다 콧물이 많아서 고생이 많았습니다. 항상 휴지를 끼고 살았습니다. 보통 때는 물론 환절기에 감기라도 걸리면 수업 한 시간 동안 200매 여행용 티슈가 모자라 쩔쩔맬 정도였습니다. 코밑이 헐어서 아픔은 말로 할 수 없었습니다. 그냥 단순한 알레르기라 환경에 민감하겠거니 생각했습니다. 그러다가 고등학교 3학년부터 환절기, 동절기에는 콧물 멈추는 약을 한 달이면 3주는 복용해야만 일상생활이 가능할 정도였습니다.

대학졸업 이후에는 겨울과 환절기에 이비인후과에 다니기 시작했습니다. 약 먹을 때만 콧물이 멈출 뿐 호전되지는 않았습니다.

2003년 3월부터는 계속 체하고 기운이 없고 하더니 10월 달부터 또 주체할 수 없을 정도였습니다. 콧물로 집 주변의 여러 이비인후과를 다 다녀 봐도 효과가 전혀 없었습니다. 물론 4월, 6월 한약도 먹었습니다.

결국, 12월에는 숨쉬기조차 어렵게 코안이 붓고, 한 달 동안 방에 꼼짝 못하고 눕게 되었습니다. 양약이 안 맞는 것 같아서 한약을 지어 먹고, 보약까지 먹었습니다. 그런데 콧물은 어느 정도 멈췄는데 기운이 없었습니다.

시내에 잠깐 나갔다 와도 머리가 아프고, 피곤해서 어디 갈 엄두를 못 낼 만큼 몸이 약해졌습니다.

2004년 11월 어느 날 지인으로부터 '밭 마늘을 구워서 죽염'과 같이 먹으면 알레르기성 비염에 좋을 거라는 말씀을 듣고 25일부터 먹기 시작했습니다.

처음에는 밭 마늘 3통씩 구워서 죽염에 찍어 먹었습니다. 지인이 점차 양을 늘려 10통씩 꾸준히 먹으라는 말씀을 듣고 요즘은 7통씩 구워서 죽염 3~4스푼 넣어서 비벼 먹고 있습니다.

맨 처음 먹을 때는 메스꺼웠는데, 위에 담痰이 있으면 그런 현상이 나타난다고 합니다. 3번째 먹을 때부터는 그런 증상이 없어지고, 피곤하다가도 죽염 마늘만 먹고 나면 기운이 솟는 게 느껴졌습니다.

어느 날은 게을러서 먹지 않으면 몸이 땅속으로 들어가는 것처럼 컨디션이 확실히 나빠지는 것을 느꼈습니다.

만 2개월부터 몸이 확실히 좋아졌습니다. 힘도 생기고 시내에 나갔다 와도 괜찮습니다. 만 3개월인 요즘은 아무리 추워도 2003년 12월부터 여름만 빼고 끼던 마스크를 쓰지 않아도 코가 시리지 않습니다. 저는 유별나게 추우면 코가 아주 시립니다. 올겨울 들어 감기에 꼭 두 번 걸렸는데, 그때마다 죽염수로 코안을 헹구거나 솜에 묻혀 코에 넣어 놓고 15분 후쯤에 빼내곤 했습니다.

그랬더니 일주일이면 깨끗이 낫곤 했습니다.

그리고 생강, 대추, 감초를 늘 달여서 마시고 있습니다.

요즘은 너무 행복합니다. 마스크 없이도 밖에 나가고, 감기도 잘 안 걸리고, 더군다나 콧물이 거의 안 납니다. 콧물이 안 난다는 것이 이렇게나 편한 일인 줄 몰랐습니다.

기침

신 진 하 (여 38세, 부산 남구 대연동, 2006년 1월)

5살 겨울부터 아들이 기침이 심했습니다. 아무런 다른 증상 없이 컹컹거리는 기침을 했었습니다. 어떤 때는 토하기도 하여 이 엄마를 가슴 아프게 하는 날도 있었답니다.

처음엔 병원으로, 한의원으로 아이를 혹사시켰습니다.

시댁에는 기관지와 관련된 병으로 고생한 분이 있어서 선천적인 건 어쩔 수 없나 하고 괴로워하고 있었습니다.

그러던 어느 날, 제 동생이

"언니야, 그럼 죽염을 한 번 먹여봐. 내 조카가 그렇게 고생을 하니 마음이 너무 아프다. 나도 가래가 많이 끓어서 오래도록 고생했는데, 어느 순간부턴가 그런 증상이 없어졌어. 믿고 꾸준히 실천해봐." 하는 겁니다.

그래서 아침에는 죽염수로, 외출 시에는 죽염 알갱이를 먹였고, 간혹 분말을 녹여서 입을 가글했습니다. 이렇게 실천하기를 일 년 정도…

어느 순간부턴가 아들의 기침 소리를 듣지 못했습니다.

처음엔 생각했습니다.

따뜻한 계절로 바뀌어서 잠시 쉬어가는 거겠지…

봄, 여름, 가을 그리고 겨울 그리고 다시 겨울이 찾아왔습니다.

두려움으로 아들의 상태를 지켜봤습니다.

그리고 동생에게 전화를 했습니다.

고맙다고…

몸이 이전보다 더 많이 건강해진 일곱 살이 된 아들은 기침이 심한 친구들과 놀아도 거의 전염이 되지 않고, 비록 전염이 되었더라도 하루 정도 푹 자고 숙면을 취하고 나면 바로 회복을 할 수 있는 몸이 되었습니다.

스스로 치유하는 능력이 길러진 것이죠.

그래서 전 만나는 사람들에게 죽염의 효능에 입에 침이 마르도록 자랑을 늘어놓는답니다.

우리 집 아저씨도 처음엔 반신반의했지만, 이젠 아침마다 죽염수로 하루를 시작한답니다.

요즘은 많은 아이가 기관지염이나 천식으로 고생을 합니다.

하지만 당장에 효과를 보려고 병원을 찾게 되는데, 그런 부모님께 꼭 말씀드리고 싶어요. 저처럼 죽염과 건강식으로 꾸준히 생활하다 보면 어느 순간에 더욱 건강해진 가족을 느낄 수 있다고 말입니다.

응고제를 사용해야 할 내 피가

김 은 주 (여 33세, 전남 여수시 봉계동 2006년 7월 17일)

한 달에 며칠만 괜찮고 항상 입안 이쪽저쪽이 헐어 있는 지가 벌써 몇 해가 된 것 같아요. 그러다 그 염증이 목 저 안쪽으로 자리를 옮긴 것 같아서 좀 많이 괴로웠어요.

아는 지인께서 죽염을 먹으라고 했는데 사실 잘 안 되더군요. 먹을 때는 괜찮지만 먹고 나서 몇 시간만 지나고 나면 속도 편하지 않고, 머리도 어지럽고…

지금 생각해 보니 입안이 허는 것이 내 몸에 독소가 배출되지 않아서 그랬었지 싶은 생각이 듭니다.

한 달 동안 내내 입병은 좋아질 기미도 없고, 목은 점점 더 아파왔습니다.

하루는 죽염 알갱이 1~2개를 쉼 없어 먹었습니다.

그동안 우리 집 조미료는 9회 죽염으로 사용해 와서 그런지 그 전처럼 어지럽거나 속이 불편하지 않았습니다.

그날 밤 거짓말처럼 입병이 모양만 자리 잡고 전혀 아프지 않고 목도 많이 좋아졌어요.

그 이후부터 죽염을 한 달에 약 250g 정도 복용한 것 같습니다.

제가 지혈이 잘 안 돼서 병원에서 혈액 응고제를 사용해야 하거는요.

일하다가 식칼로 제 왼손을 쓰윽~! 베였는데…

좀 깊이 베었나 봐요.

피가 많이 나서 지혈시키려고 한참을 잡고 있었거든요.

대일 밴드도 없고 해서 화장지로 꽁꽁 묶어서 유리 테이프로 대충 감아두고선 월요일 아침 세수할 때까지도 그 손엔 물 한 방울 안 묻히고 출근했었는데…

대충 감겨졌던 화장지가 손에서 뚝 떨어져서 알게 되었는데, 약 한 번 발라 둔 것도 아니었는데 그렇게 빨리 아물었더군요.

그때서야 '그동안의 섭취한 죽염이 내 이상한(?) 피를 많이 정화시켜 놓았구나'하는 생각이 스치게 되었어요.

체기滞氣

김 진 수 (남 29세 서울 동작구 상도동, 2010년 8월 2일)

저희 어머니는 신경이 예민하셔서 그런지 별것도 아닌 것에 깜짝 놀라시고 평소에 체기滞氣가 자주 있었습니다. 그때마다 가슴이 답답하다고 하셨습니다.

체기滞氣가 심할 때는 머리도 아프시다고 하시고 구토까지 하기도 하셨죠. 심하게 체했을 때 손가락 끝을 따본 적도 있으나 그다지 별 효과가 없었습니다.

보통 잘못 먹었을 때만 체하는 게 정상인데 타고난 체질의 문제인지 만성적인 체기가 있으셨죠. 같이 밥을 먹어도 혼자만 체하고 조금만 신경을 쓰셔도 체하니 옆에서 보면 참 답답하더군요. 그래서 여기저기 자료도 찾아보고 알아보았습니다.

신약본초를 보면서 체기의 원인이 위에 담痰이 심하게 있어서 생기는 것이라고 생각을 하게 되었습니다.

그래서 위의 담을 제거하는데 좋다는 죽염을 구입해서 드시도록 권유했습니다.

권유는 했지만 어머님이 50대라 나이가 좀 있으셔서 젊은 사람에 비해 효과가 없거나 늦게 나타나면 어쩌나 하는 생각에 걱정이 되기도 하였습니다.

처음에는 소금이 무슨 효과가 있겠냐면서 시큰둥하게 받아들이셨고 생각나면 드시고, 또 깜빡하고 안 드시는 경우도 많았습니다.

게다가 초반에 죽염을 드시면 구토까지는 아닌데 속이 자꾸 메슥거린다고 좋아하지 않으셨습니다.

그래서 제가 이 죽염은 일반 소금이 아니라 천일염을 대나무에 9번 구운 것이라 일반 소금과는 다른 것이라고 얘기를 드렸죠.

속이 메슥거리는 것은 담이 제거되려는 호전반응인 것 같다고 말씀을 드렸습니다.

그러면서 여러 체험 사례를 말씀드리면서 죽염을 계속 드시도록 했습니다.

몇 달이 지나자 초기에 죽염을 먹었을 때 속이 메슥거리는 증상은 없어지셨죠.

저는 그게 바로 위에 심하게 있던 담이 제거되는 현상이라고 말씀드리며 계속 먹으면 체기가 없어지는 효과가 있을 거라고 하였죠.

대략 1년 정도 지나자 신기하게도 그렇게 심하던 체기滯氣가 어느새 사라졌습니다. 죽염을 드시면서 체기가 없는 체질로 바뀌신 것입니다.

지금은 예전처럼 체하지 않는다고 신기해하면서 본인께서도 죽염을 먹어서 체기滯氣가 없어진 거 같다고 얘기를 하십니다.

이런 효과를 바로 옆에서 직접 보니 정말 죽염의 효과에 대한 확신이 들더군요. 죽염이 아니었다면 고치기 어려운 체질상의 문제라고 생각하면서 그냥 포기하였을지도 모릅니다.

소화불량

성 환 (남 53세, 부산시 수영구 남천동, 2010년 9월 9일)

근 10년 전 기억으로 거슬러 가봅니다.

아버지께서 방광암으로 동대 병원에서 수술을 받았습니다. 결국 방광을 제거하고 외부 보조기구를 이용해서 생활을 하셨는데, 문제는 퇴원 후부터 식사를 하시면 소화를 못 시켰습니다. 한술 뜨시곤 소화제를 드시고 또 한술 뜨시고 소화제를 드시는 일이 반복되었습니다. 결국 나중에는 소화제도 듣지 않았습니다.

한 번은 매제妹弟가 중국 출장 중에 분말 소화제를 구해 왔는데 이 소화제의 도움을 받아 겨우 연명을 하셨지요.

병원에서는 수술은 성공적이라 했고, 소화문제는 시간이 지나면 나아질 것이라고 했는데 전혀 차도를 보이지 않았습니다.

그러던 차에 우연히 신약 책을 읽게 되었고 죽염을 알게 되었습니다. 죽염을 구한 후 드시게 했더니 짜다고 처음에는 잘 드시지 않으셨지요. 그래서 식사 때마다 국에 죽염을 타서 드시게 했습니다.

그 이후부터 점점 속이 편하고 약을 안 드셔도 소화가 되는 것 같다고 하셔서 죽염에 대해 설명을 더 드리고 마늘을 구워서 텔레비전을 보실 때나 낮으로 심심하실 때 찍어 드시게 했습니다.

대략 한 달 후부터는 약을 안 드시고 계속 마늘과 죽염을 드시면서 효과를 보셨는지 죽염이 없으면 아버지께서 먼저 찾으시곤 했습니다. 그렇게 10년을 생활을 하시면서 돌아가시기 직전까지 식사에 대한 문제는 전혀 없었던 것 같네요.

이후로 우리 집은 죽염 간장, 죽염 고추장 등 관련 제품으로 식단을 차렸고, 애들도 건강하게 병 없이 잘 자라 주었으니 그저 인산 선생님께 고마울 따름입니다.

시어머니의 급성폐렴

김 정 인 (경남 통영시 태평동, 2010년 9월 8일)

올봄 가족들과 경주 벚꽃 놀이를 갔다 온 후 팔십육 세이신 시어머니께서 몹시 피곤해하셨어요. 쉬면 괜찮아지겠지 하고 하루를 넘겼는데, 갑자기 숨쉬기가 고통스럽다며 못 견뎌 하셨어요.

가까운 부산에 있는 인근 병원에 모셨는데 급성 폐렴이라는 결과를 받았습니다.

의사 이야기는 오늘을 못 넘길지 모른다면서 중환자실에 들어가야 된데요. 숨도 제대로 못 쉬어 힘들어하는 어머님, 저희 식구들도 많이 당황하고 정말 돌아가시나 했었죠. 근데 그날 저녁을 무사히 넘기고, 별 차도는 없었지만 돌아가시지 않은 걸 정말 다행으로 생각했었어요.

그러나 산소 호흡기에 의존한 어머님은 여전히 고통스러워하시고, 폐 염증이 꽤나 심하시다며 폐 내시경도 찍고 검사가 계속되었죠.

저희 식구들은 시집간 큰딸, 작은딸 모두 식탁 위엔 죽염 알갱이 통이 항상 놓여 있답니다. 부엌엔 죽염이 생활화되어서 항상 애용하고 있거든요.

그래서 입원 첫날부터 어머님 식사 후 죽염알갱이를 몇 알 녹여 드시게 하고, 약 드신 후 죽염을 찻숟갈로 조금 떠서 물과 같이 드시게 했어요. 평소에도 염증에 죽염이 효능이 있다는 걸 체험했거든요.

죽을 끓일 때도, 국을 끓일 때도, 모든 음식에 죽염으로 간을 했었어요. 병원 식사는 어머님께서 도저히 못 드시겠다고 하셔서 집에서 해다 드렸어요.

매일 독한 항생제투여와 잦은 검사로 노령이신 어머님께서 견디기 힘들어하셨답니다. 그런데 하루하루가 다르게 차도를 보이시는 거예요.

식사 후는 물론 수시로 죽염을 드시게 하시고, 과일도 죽염에 찍어 드셨어요. 노령이신데 염증이 빨리 없어진다고, 의사선생님께서도 놀라시고, 옆 환자 보호자 분들도 돌아가시겠다던 할머니가 건강을 되찾는 걸 보고 정말 놀라워하셨어요.

그 당시 저는 어머님 보살피느라 콧물, 기침 감기에 꽤 고생을 하고 있었는데, 감기약 먹으면 몸이 나른해지면서 몸을 못 추스르겠더군요. 그래서 죽염수를 만들어 가지고 다니면서, 수시로 목 헹구고 콧속에 주입하면서 5일을 버텼어요.

어머님은 3주 입원해야 된다 했지만 2주 만에 퇴원하셨고요, 항생제 약 20일분 처방받아 왔지만 저는 약을 모두 버리고 죽염을 드시게 했습니다. 이젠 건강을 되찾아 아주 건강하게 잘 지내고 계십니다. 하루하루 죽염의 효능에 놀랍고 늘 생활화하면서 가족들 건강을 지키면서 살 겁니다.

아토피, 중이염

박 성 현 (여 39세, 부산 금정구 부곡동, 2010년 9월 6일)

잠자기 전, 세 아이는 쪼르르 엄마에게 달려와 간장 물을 달라고 한다. 잠들기 전 아이들에게 사리장[12]을 먹여 하루 동안의 오염된 몸을 정화시키기 위해서 오래전부터 보약처럼 먹여왔다.

죽염을 처음 접한 지 벌써 10년.

둘째 정하의 아토피가 심각한 수준에 이른 적이 있었다. 리모델링한 집으로 이사한 후 1주일이 지나자, 8개월이었던 아기의 팔과 다리, 얼굴까지 아토피 현상이 일어났고, 밤새도록 인터넷으로 공부하고 자료 검색해서 죽염과 응용제품들을 구입했다.

인산 선생께서 돌아가시기 직전 심혈을 기울여서 만든 사리장은 좋은 해독제요 보양제라고 하는데, 실험정신이 강한 나를 이 사리장이 가만 놔두지 않았다. 우리 아이들에게 직접 부지런히 먹이고 바르는 일이 최상의 임상이었던 셈이다.

아토피가 시작된 아기에게 1년 동안 사리장을 꾸준히 먹이고 피부에 발라주자 1년 후에 몰라보게 피부가 매끈매끈 해졌다.

셋째 아기 또한 태어나자마자 태열이 무척이나 심했고, 여름에 태어난 아기여서 땀띠 또한 많이 났다. 그래서 갓난아기였을 때부터 입

---

12 시리깅 : 유황오리, 유근피, 마늘 등을 달여서 액을 만들고, 죽염을 넣어 염도를 맞춘다. 그리고 서목태를 발효시켜 이 액에 넣고 1년 이상 숙성시킨 죽염 간장이다.

안에 사리장을 물에 묽게 타서 계속 먹여 태열과 땀띠도 자연스레 치유할 수 있었다.

2006년 5월 유치원에 처음 입학한 첫째 세윤이가 고열이 나자 동생 정하도 열이 펄펄 끓기 시작했다. 병원, 어린이 전문 한의원에 1주일을 다녀도 아이의 열은 오르락내리락하기만 계속했다. 고열 때문에 중이염까지 심하게 걸려 어쩔 줄 몰라 하던 나는 「신약본초」를 다시 읽으며 내 아이의 병에 대해 생각하게 되었다.

그 순간 집에 귀한 사리장이 있으면서도 그 다양한 사용법을 알지 못했던 것을 후회하며, 아이들의 귀에 사리장을 한 방울 넣고 계속 물에 타서 먹였다. 그리고 족욕足浴을 시키면서 아이들의 열을 계속 체크했다. 사리장을 이틀 정도 먹이고 난 후, 아이들은 예전처럼 뛰어놀기 시작했다. 그래도 안심이 안 되어서 소아과에 중이염 상태가 어떻게 되었는지 방문하였다. 의사는 깜짝 놀라며 귀는 완전히 나았는데 귀 주변이 새까맣고 이상하다며 무슨 일이 있었는지 물었다.

그래서 간장을 귀에 한두 방울 넣었다고 하니, 대뜸 "참 이상한 분이네요?"하고 조금 언짢은 듯 보였지만 나는 그저 웃으며 자리를 떴다. 아이들의 귀가 확실하게 나았음을 확인해 보았으니깐 말이다.

병을 예방하는 상의上醫가 되자

　수십만 년 동안 인간은 지구에 존재하는 자연의 일부인 원소를 이
용해 아주 정교하게 진화해 왔다. 각종 바이러스를 스스로 퇴치할 수
있는 항체를 생성할 줄 알고 몸 안에 들어오는 이물질을 배출시키는
능력도 구비되어 있다. 만약에 인체에 자연치유력이 없다면 인간은
단 1초도 살아갈 수 없을 것이다.

　이렇게 인체는 항상 자연치유력이 작용하기 때문에 암세포가 1~2
년 안에 생기는 것은 아니다. 10년 이상의 긴 세월 동안 나쁜 식습관
과 생활방식 때문에 도저히 환원되지 못하는 세포들이 돌연변이를
일으키고 암이라는 난치병이 발생하는 것이다. 암뿐만 아니라 각종
병의 대부분이 매일의 식생활에 영향을 받고 있다. 건강하려면 자연
치유력을 유지해야 하고, 질병을 치료하려면 병을 일으키는 원인을
제거해야 한다.

　죽염은 산성음식을 중화하여 알칼리성의 환원력이 있는 식품으로
만들고, 각종 미네랄을 보충하여 자연치유력을 증가시킨다. 또, 인
체의 영양분을 바르게 흡수하게 해 주고 노폐물을 배설하는 신진대
사 기능을 원활하게 수행함으로써 암이나 각종 질병이 되는 요인들
을 차단한다.

한두 번 먹는 건강식품으로는 현대의 난치 질병을 따라잡기에는 역부족이다. 매일 바른 식단을 꾸려서 죽염으로 간을 해서 먹어야 한다. 이것이 중국의 명의名醫 손사막孫思邈이 이야기한 '병이 나기 전에 예방하는 상의上醫의 방법'이다.

우리나라는 OECD 가입국 중 자살률 1위이다

2008년 우리나라는 1만 2,270명이 자살을 해 하루에 약 34명이 자살한 것으로 나타났다. 20, 30대의 자살이 많이 증가하고, 이들의 사망원인 1위가 자살이다.

자살과 청소년 범죄가 급증하고, 성폭행性暴行, 연쇄살인連鎖殺人, 존속살인尊屬殺人과 같은 반인륜反人倫적인 범죄가 기승을 부리고, 아무 이유 없는 살인이 모골毛骨을 송연하게 만든다.

충남대학교 이계호 교수팀이 각종 질병으로 병원을 찾은 환자 1,158명을 대상으로 모발 중금속 축적 정도를 조사한 결과에 따르면, 「전체 환자의 54%가 알루미늄, 비소 오염 기준치를 초과한 것으로 나타났다. 납은 37%, 우라늄 23%, 수은은 22%가 기준을 넘었다. 아토피 질환과 두통, 만성피로 등을 앓고 있는 환자들의 중금속 축적 정도가 높았다. 특히 18살 이하 청소년의 중금속 축적이 성인보다 훨씬 심각한 수준인 것으로 나타났다. 체내에 축적되면 치명적인 카드뮴은 성인 전체의 6%가 기준을 초과한 반면, 미성년은 33%가 기준을 넘었다. 이는 성인의 5배가 넘는 수치이다.」

지난 수십 년간 수많은 화학물질은 우리의 신체를 바꾸어 버렸다.

일본에서는 인스턴트 식품 3세대라는 말이 있다. 인스턴트 식품이 막 나오기 시작하면서 그것을 즐겨 먹은 세대들이 낳은 아이들이 인스턴트 식품 제2세대가 된다. 제2세대에 '아토피'란 면역 결핍 현상이 나타났고, 인스턴트 식품 3세대가 태어나는 2000년 이후 일본에서는 가종 정신질환과 선천성 기형아가 증가하고 있다는 보고가 나오고 있다.

중금속이 기준치 이상으로 과다하게 쌓이거나 세포 내에서 미네랄이 균형을 이루지 못하면 무기력증, 피로, 두통, 폭력적 성격, 집중력 저하 현상이 나타난다. 우리를 바꿔버린 신체 내부의 이상이 정신질환을 유발시키고 여러 난치병을 증가시킨다. 자살과 비행非行, 폭력 등 사회적 물의를 일으키는 행동들은 혈중 호르몬과 칼슘의 이상으로 동반되는 정신 신체 질환이라고 할 수 있다.

현대는 더욱 더 많은 화학물질을 만들고 있다. 중금속으로 보호되고, 미네랄의 균형을 잘 유지하기 위한 특단의 조치가 필요하다.

아이들의 건강한 삶을 위해 노력해야…

화학물질이 첨가된 식품을 즐겨 먹고 또 이 세대들에게서 태어난 아이들이 각종 가공식품을 즐겨 먹고 있다. 과자로 우는 아이를 달래고, 통닭이나 피자로 끼니를 해결하는 그릇된 식습관이 내 아이의 몸을 혹사시키고 있다. 소아 당뇨, 비만, 소아암 등의 난치병이 우리의 아이를 더욱 힘들게 하고 있다.

이런 세상을 물려주고서야 어떻게 그들의 행복한 미래를 꿈꾸게 할 수 있겠는가!

한 초등학교 급식을 담당하는 영양사 선생은 죽염으로 음식의 간을 한다. 고추장과 간장도 직접 죽염으로 담아서 활용하며, 신선한 유기농 채소와 친환경 육류를 사용한다. 주위에서 제한된 급식비용에 불가능한 일이라고 했지만, 음식의 잔반을 줄이고 생산자와 직거래를 하는 방식으로 비용을 절감할 수 있었다. 하루에 한 끼를 먹는 것으로 아이들의 건강을 완전히 되찾게 하기는 어렵지만 그러한 노력이 세상을 조금씩 바꿀 수 있다.

우리 아이들의 미래는 그들이 먹는 것으로 결정된다. 그들이 먹는 것으로 세포를 만들고 마음이 이루어진다. 아이들에게 '바르게 자라라'라고 다그친다고 되는 일이 아니다. 아이들의 주의가 산만하고 과격해지는 것도 과도한 육류섭취와 화학물질의 체내 잔류, 미네랄 부족 등의 영양 불균형과 깊은 관련이 있다. 바른 식품을 먹여서 몸의 건강을 잡아주는 일이 선행되어야 한다.

천연물 신약新藥으로서 가치 지닌 죽염

자연에 없는 물질을 인위적 합성법으로 만든 약을 합성신약合成新藥이라 하며, 자연의 풀과 나무에서 채취한 원료로 제조되는 약을 천연물 신약天然物新藥이라고 한다. 천연물 신약은 부작용이 적고 낮은 연구비로 큰 성과를 낼 수 있기 때문에 세계는 지금 천연물 신약으로 눈을 돌리고 있다. 국제보건기구WHO에 따르면 현재 천연물 의약품 시장은 600억 달러 이상이며, 매년 평균 15% 이상 성장하고 있다고 한다.

천연물 신약은 풀이나 꽃에서 원료를 추출하다 보니 대량으로 생산하기 어렵다. 생산 확대를 위해 전국 곳곳에서 재배할 수도 있지만, 이렇게 하면 원래 얻었던 약효가 나지 않는다. 같은 지역에서도 기후와 생산방식에 따라서 약효가 달라지기 때문이다. 천연물 신약이 성장하기 위해 해결해야 할 최대 난관은 안정적인 원료 공급이다.

우리는 서해안에서 질 좋은 천일염을 다량 생산할 수 있으며, 어디에서나 잘 자라는 대나무의 재배만 늘린다면 얼마든지 품질 좋은 국내산 죽염을 생산할 수 있다.

세계 소금 시장을 전부 석권한다고 하더라도 수조 원에 불과해 삼성전자 매출액의 1/10 정도에도 미치지 못한다. 하지만 소금 시장은 무궁무진한 성장 가능성을 가지고 있다. 죽염은 각종 눈병·잇몸병·비염·축농증·고지혈증 등에 매우 유효한 효과를 보이며, 위염에 치료율이 90% 이상이라는 임상 논문이 발표되었다. 이러한 결과를 바탕으로 죽염이 의약품으로 개발된다면 매우 높은 부가가치를 지니게 되고, 세계의 가장 큰 소비시장의 하나인 제약시장에서 대한민국의 독창적인 천연물 신약을 가지고 폭넓은 우리의 영역을 구축해 나갈 수 있을 것이다.

앞으로 여러 부분에서 더욱 더 과학적이면서 세부적으로 죽염의 효능을 밝혀야겠지만, 20년 이상 많은 사람이 질병 치료 및 예방을 위해 죽염을 이용해 왔고 그 가능성을 이미 검증받았다고 해도 과언이 아니다.

죽염은 대체의학을 발전시키는 계기가 될 것이다

미국은 지난 2002년 연간 의료비가 국방비의 약 5배, 국내 총생산의 14.5%를 지출했다. 2013년이 넘으면 GDP의 약 18.5%까지 의료비용이 증가할 것으로 추산하고 있다. 미국은 어느 선진국보다 의료비용의 지출이 많지만, 건강 수준과 국민의 의료 만족도는 OECD 국가 중 최하위로 나타났다.

1970년 미국의 닉슨 대통령은 암과의 전쟁을 선포했지만, 그로부터 27년이 지난 후, 투자비용 220조만 탕진했을 뿐 뚜렷한 성과를 거두지 못했음이 드러났다. 이러한 국고의 낭비로 미 정부는 현대의학을 재진단하기에 이르렀고 결과적으로 "현대의학과 영양학은 잘못되었다"라고 인정했다.

1985년과 1998년 미국의 국립 암연구소의 보고서에는 '항암제는 무력하다, 치료에 도움이 안 된다 '항암제는 오히려 암을 증가시킨다' '항암제 자체가 강력한 발암물질이다'라는 내용이 실려 있다.

이러한 잘못에 대한 각성覺醒을 바탕으로 미국에서는 1991년 "대체의학 연구지원" 법안이 미美 상원법을 통과하였고, 이 법에 따라 미국 국립보건원National Institutes of Health, NIH은 대체의학 연구실을 신설했다. 1998년에는 대체의학 연구실이 대체 의학국으로 확대 개편되었고, 미국 국립보건원NIH은 첫해 200만 달러를 지원했으나 최근에는 1억 달러 이상을 대체의학 연구에 투자하고 있다. 미국의 125개 대학 중 120개 대학이 대체의학과를 신설하고 연구에 몰두하고 있다. 이것은 세계적인 추세이다.

죽염을 발명한 인산 선생은 여러 한의학 의서에서도 전혀 찾아볼 수 없는 새로운 암 치료 방법을 다양하게 주창하였다. 많은 암환자들이 인산 선생의 암 치료 방법을 응용해 왔고, 현재는 여러 의사가 선생의 암 처방 및 이론에 대해 토론하고 연구하기 시작했다. 현대의학이 수술로 불필요한 부분을 떼어내고 바이러스와 세균을 죽이는 화학적 요법이라면 인산 선생의 의학은 병이 생긴 원인을 제거하는 데 주력함으로써 인체의 자연치유력으로 질병은 치료되고 재발이 없는 완전한 쾌유에 이르는 것이다. 따라서 인산 선생의 암 치료 방법은 항암제와 수술요법으로 치료하는 것에 비해 부작용이 거의 없고 환자의 삶의 질을 높게 유지할 수 있다.

서양의학과 대체의학은 사람의 질병을 치료하기 위한 공통의 목적을 가지고 있다. 그러나 이 두 가지 의학은 아직 공통분모를 찾기 어렵다.

자연의 원소 융합기술로 만들어진 죽염은 자연과학과 대체의학을 한층 더 발전시키는 계기가 될 것이며, 서양의학과 대체의학을 연결하는 가교架橋 역할을 할 것이다.

죽염은 21세기가 당면한 여러 질병을 예방하고 우리의 생명을 지키는데 있어서 필수적이면서 매우 귀중한 생명 물질로 자리매김할 것이다.

죽염을 용융할 때 송진불의 고온에 의해 용광로처럼 붉게 변한 죽염로

부록

암염의 성분분석
미네랄의 종류

암염의 성분분석

Certificate of the Analysis of the Original Himalayan Crystal Salt Institute of Biophysical Research, Las Vegas, Nevada, USA June 2001

Originally, the intention was to include all the elements up to Order Number 90 into the chemical and physical analysis. Following the elaborate analysis of the crystal salt from October 12, 2000, the Order Number of the elements was increased to 94 in the frequency spectrum test. All natural stable and unstable isotopes were considered. However, artificial and unstable isotopes were not included for consideration.

Analysis of Himalayan Salt Sample
(Mintek Number INT1682) 25 November 2005
ANALYTICAL SCIENCE TEST REPORT FOR HEALTH WAKE UP

Element		Order Number	Nevada Results	Mintek Results	Analysis Type
Hydrogen	H	1	0.30 g/kg		DIN
Lithium	Li	3	0.40 g/kg	0.32 ppm	AAS
Beryllium	Be	4	<0.01 ppm	<0.1 ppm	AAS
Boron	B	5	<0.001 ppm	85.2 ppm	FSK
Carbon	C	6	<0.001 ppm	0.024%	FSK
Nitrogen	N	7	0.024 ppm	32.8 ppm	ICG
Oxygen	O	8	1.20 g/kg	0.50%	DIN
Fluoride	F⁻	9	<0.1 g/kg	<100 ppm	Potentiometer
Sodium	Na⁺	11	382.61 g/kg	39.5%	FSM
Magnesium	Mg	12	016 g/kg		AAS
Aluminum	Al	13	0.661 ppm		AAS
Silicon	Si	14	<0.1 g/kg		AAS
Phosphorus	P	15	<0.10 ppm	<100 ppm	ICG
Sulfur	S	16	12.4 g/kg		TXRF

Element		Order Number	Nevada Results	Mintek Results	Analysis Type
Chloride	Cl⁻	17	590.93 /kg	61.0%	Gravimetrie
Potassium	K⁺	19	3.5 g/kg	0.22%	FSM
Calcium	Ca	20	4.05 g/kg		Titration
Scandium	Sc	21	<0.0001 ppm	<0.1 ppm	FSK
Titanium	Ti	22	<0.001 ppm	4.2 ppm	FSK
Vanadium	V	23	0.06 ppm	25.7 ppm	AAS
Chromium	Cr	24	0.05 ppm	1.08 ppm	AAS
Manganese	Mn	25	0.27 ppm	10.6 ppm	AAS
Iron	Fe	26	38.9 ppm		AAS
Cobalt	Co	27	0.60 ppm	2.1 ppm	AAS
Nickel	Ni	28	0.13 ppm	<0.1 ppm	AAS
Copper	Cu	29	0.56 ppm	<0.1 ppm	AAS
Zinc	Zn	30	2.38 ppm	<0.1 ppm	AAS
Gallium	Ga	31	<0.001 ppm	<0.1	FSK
Germanium	Ge	32	<0.001 ppm	<0.1	FSK
Arsenic	As	33	<0.01 ppm		AAS
Selenium	Se	34	0.05 ppm	<0.1	AAS
Bromine	Br	35	2.1 ppm		TXRF
Rubidium	Rb	37	0.04 ppm	0.2	AAS
Strontium	Sr	38	0.014 g/kg	23.2	AAS
Ytterbium	Y	39	<0.001 ppm		FSK
Zirconium	Zr	40	<0.001 ppm	<0.1	FSK
Niobium	Nb	41	<0.001 ppm	<0.1	FSK
Molybdenum	Mo	42	0.01 ppm	<0.1	AAS
Technetium	Tc	43	Unstable artificial isotope − not included		
Ruthenium	Ru	44	<0.001 ppm	<0.1	FSK
Rhodium	Rh	45	<0.001 ppm	<0.1	FSK
Palladium	Pd	46	<0.001 ppm	<0.1	FSK
Silver	Ag	47	0.031 ppm	<0.1	AAS
Cadmium	Cd	48	<0.01 ppm	<0.1	AAS
Indium	In	49	<0.001 ppm		FSK
Tin	Sn	50	<0.01 ppm	<0.1	AAS
Antimony	Sb	51	<0.01 ppm	<0.1	AAS

Element		Order Number	Nevada Results	Mintek Results	Analysis Type
Tellurium	Te	52	<0.001 ppm	<0.1	FSK
Iodine	I	53	<0.1 g/kg		Potentiometrie
Cesium	Cs	55	<0.001 ppm	<0.1	FSK
Barium	Ba	56	1.96 ppm	1.5	AAS/TXR
Lanthan	La	57	<0.001 ppm	<0.1	FSK
Cerium	Ce	58	<0.001 ppm	0.13	FSK
Praseodynium	Pr	59	<0.001 ppm	<0.1	FSK
Neodymium	Nd	60	<0.001 ppm	<0.1	FSK
Promethium	Pm	61	Unstable artificial isotope – not included		
Samarium	Sm	62	<0.001 ppm	<0.1	FSK
Europium	Eu	63	3.0 ppm	<0.1	TXRF
Gadolinium	Gd	64	<0.001 ppm	<0.1	FSK
Terbium	Tb	65	<0.001 ppm	<0.1	FSK
Dysprosium	Dy	66	<4.0 ppm	<0.1	TXRF
Holmium	Ho	67	<0.001 ppm	<0.1	FSK
Erbium	Er	68	<0.001 ppm	<0.1	FSK
Thulium	Tm	69	<0.001 ppm	<0.1	FSK
Ytterbium	Yb	70	<0.001 ppm	<0.1	FSK
Lutetium	Lu	71	<0.001 ppm	<0.1	FSK
Hafnium	Hf	72	<0.001 ppm	<0.1	FSK
Tantalum	Ta	73	1.1 ppm	<0.1	TXRF
Wolfram	W	74	<0.001 ppm	<0.1	FSK
Rhenium	Re	75	<2.5 ppm		TXRF
Osmium	Os	76	<0.001 ppm		FSK
Iridium	Ir	77	<2.0 ppm	<0.1	TXRF
Platinum	Pt	78	0.47 ppm	<0.1	TXRF
Gold	Au	79	<1.0 ppm	<0.1	TXRF
Mercury	Hg	80	<0.03 ppm	<0.1	AAS
Thallium	Ti	81	0.06 ppm	<0.1	AAS
Lead	Pb	82	0.10 ppm	5.1	AAS
Bismuth	Bi	83	<0.10 ppm	<0.1	AAS
Polonium	Po	84	<0.001 ppm		FSK
Astat	At	85	<0.001 ppm		FSK

Element		Order Number	Nevada Results	Mintek Results	Analysis Type
Francium	Fr	87	<1.0 ppm		TXRF
Radium	Ra	88	<0.001 ppm		FSK
Actinium	Ac	89	<0.001 ppm		FSK
Thorium	Th	90	<0.001 ppm	<0.1	FSK
Protactinium	Pa	91	<0.001 ppm		FSK
Uranium	U	92	<0.001 ppm	<0.1	FSK
Neptunium	Np	93	<0.001 ppm		FSK
Plutonium	Pu	94	<0.001 ppm		FSK
Water	H_2O		1.5g/kg		DIN
Ammonium	NH_4^+		0.010 ppm		Photometrie
Nitrate	NO_3^-		0.09 ppm		Photometrie
Phosphate	PO_4^{3-}		<0.10 ppm		ICG
Hydrogencarbonate	HCO_3^-		<1.0g/kg		Titration

The inert gasses Helium-He-2, Neon-Ne-10, Argon-Ar-18, Krypton-Kr-36, Xenon-Xe-54, and Radon-Rn-86 could not be included in the research. Many of the elements could not be proven with conventional chemical analysis. Through the transfer of frequency patterns by means of wave transference, it was possible to prove the frequency pattern with the aid of frequency spectroscopy, With this, the detection of elements even smaller than <0.001 ppm was proven. The research analysis confirmed the holistic properties of the original Himalayan crystal salt. The sodium chloride content is 97.41% and meets the worldwide necessary standard for table salt.

g/kg – Grams per kilogram
DIN   – German Institute for Standardization
ICG   – Ionchromatography
AAS   – Atom absorption spectrometry
TXRF – Total reflection-XRay-Florescence-Spectrometry
ppm – Parts per million
FSM – Flamespectrometry
FSK   – Frequency Spectroscopy

주요 미네랄

체내에 1.1~1.4g/kg이 존재하며, 혈청에는 313~334㎎ NaCl/kg이 존재한다. 세포의 안과 밖에는 칼륨과 나트륨의 비율이 일정하게 유지되며, 체내 삼투압을 조절한다. 신경자극 전달, 근육 이완과 심장기능의 정상적인 작동, 영양분의 흡수, 침, 췌장, 장액의 pH 유지 등 우리 몸의 다양한 생명 활동을 유지시키는 데 나트륨은 필수적이다.

나트륨이 세포 속으로 흡수될 때 아미노산이나 당糖, 물 같은 영양소도 함께 흡수된다. 또한, 세포가 영양을 공급받고 불필요한 노폐물을 내보내면 소금은 배설하는 각종 배설물을 끌어모아 삼투압 작용을 통해 배설기관으로 이동시킨다. 이 외에 배설기관의 운동을 촉진시켜 대소변, 땀 등으로 의해 인체 밖으로 내보내는 역할을 한다. 나트륨이 체내에 부족한 경우 노폐물 배설에 문제가 생기게 된다. 결핍 시 설사, 구토, 발한, 위산감소에 따른 식욕저하, 현기증을 동반한 정신적 무력감, 혈액량 감소, 정맥파괴, 저혈압, 발작 등이 발생한다.

우리 몸에 약 0.15% 존재하며 매우 중요한 다량 미네랄 중에 하나이며 남자 성인은 1.2g/kg이 필요하다. 나트륨과 함께 세포외액에 가장 많이 존재하는 대표적인 음이온이며, 인체 내에서 삼투압과 수분의 평형을 유지하며 혈장에 많이 존재한다. 세포 내 액체 이온 농도를 조절하거나 이온 전하를 중화하는 기능도 한다. 위胃에서 분비되는 염산은 염소가 주성분이며 음식물의 소화 작용에 중요한 역할을 한다.

염소는 일반적으로 나트륨과 결합하여 염화나트륨NaCl의 형태로 존재하며, 우리 몸 안에서는 이온상태인 Cl⁻로 존재한다. 수소이온H⁺과 결합하여 위액을 만들어 펩시노겐을 펩신으로 활성화시켜 단백질을 분해시키고 강력한 산으로써 음식물과 함께 들어온 세균을 살균하여 감염을 방지하며, 할로겐이온 등의 독성물질을 불활성화 한다. 염소이온은 인산염, 탄산염, 황산염, 유기염, 유기산 등과 같이 산성반응을 하며 산·염기 평형을 조절하는 작용을 다. 또한 면역반응과 신경자

극의 전달에도 관여를 한다. 염소가 부족하면 위액의 산도가 저하되며 식욕감퇴,
구갈口渴, 허약, 성장장애, 발작 등의 증상이 올 수 있다.

칼슘은 인체에 가장 풍부한 미네랄로 체중의 1.5%~2% 정도를 차지한다. 체내
칼슘의 99%는 주로 뼈나 치아형성 등의 골격형성에 사용되며 나머지 1%는 체
내의 혈액 등 세포외액과 체액에서 신체의 여러 주요 기능을 담당하고 있다.

칼슘이온이 관여하는 생리학적 반응으로는 신경근육의 흥분작용, 혈액응고, 세
포 접착작용, 세포막의 상태와 기능유지, 근육의 수축과 이완작용, DNA 합성 촉
진, 신경전달물질 방출, 말초신경의 신경호르몬 방출과 신경 신호의 전달, 효소
의 활성화, 백혈구의 식균 작용 등 그 생리적 기능이 매우 많다.

상처가 나서 출혈이 되면 혈액 내에서 혈소판이 여러 과정을 거쳐 피브린Fibrin
을 형성시키고 이 피브린이 상처가 난 혈관을 막음으로써 출혈이 멎게 된다. 혈
장 내 칼슘이온은 피브린을 생성하는 효소 두 가지의 조효소이므로 혈액응고
에 매우 필수적이다.

칼슘이온은 칼모듈린Calmodulin이라는 세포 내 단백질과 결합하여 세포 내에서
이루어지는 거의 모든 효소반응을 촉진한다. 인체 내에서 병원균이나 바이러스,
유해물질을 청소하는 백혈구 등의 면역세포도 칼모듈린에 의해 활성화된다. 또
한, 세포 속의 칼슘이 제대로 작용하지 않으면 감기에 잘 걸리며 알레르기와 같
은 면역 이상 현상이 발생한다.

칼슘이온은 호르몬이나 자극 등의 외부 정도에 응답해서 세포활성을 향상시키
므로 정보 메신저라고 불린다. 세포 밖의 칼슘이온은 초속 100미터의 속도로
세포막을 통과한다.

건강을 회복하거나 유지하기 위해서는 인체조직의 가장 기본적인 구성단위인
세포가 빨리 재생되어야 한다. 이러한 세포의 재생작용은 세포분열의 결과로서
나타나는데 칼슘이 세포분열의 과정에 필요한 성분이다.

칼슘과 인의 비율이 1:1 또는 1:1.5일 때 가장 흡수율이 높다.

칼슘이 부족해서 생기는 질병에는 골다공증, 골연화증, 손톱 부스러짐, 신경 전
달 이상, 근육경직과 경련, 불안 초조 현상, 신경과민, 불면, 우울증, 두통, 간질
등의 증상을 유발한다.

칼슘, 인과 함께 뼈 생성에 영향을 주고 생명유지에 필요한 세포반응의 300가지 이상의 기초적인 역할을 하며 특히 효소를 활성화 시키는 촉매 역할을 한다. 세포 내부와 외부 간의 칼슘 이동을 제어하며 뼈와 치아를 튼튼하게 한다. 근육과 신경 기능의 정상적인 유지기능 및 심장박동의 안정화에도 기여한다.

신경전달과 근육수축작용에 영향을 미치며, 혈관을 이완시켜 혈관성 질환 예방에 기여한다. 호흡기와 소화기 계통의 신진대사에 참여하는 세포 신진대사에 영향을 미친다.

정상인에서 마그네슘은 일정하게 유지되지만 당뇨병환자에서는 혈중 마그네슘이 낮아져 있는데, 이는 당뇨에 의해 신장에서 마그네슘 소실이 일어나기 때문이다. 마그네슘이 부족할 경우 인슐린 저항을 증가시켜 포도당의 세포 내 흡수를 어렵게 하며, 만성적인 심혈관 질환인 고혈압, 당뇨병을 일으킨다. 핏속에 지방이 과다하게 남아 고지혈증高脂血症이 발생하여 동맥경화가 생길 수 있다. 또 마그네슘 부족 시 신경의 흥분, 성장장애, 탈모, 수종, 피부장애, 집중력 장애, 우울증, 근육 경련, 동맥경화, 심근경색 등을 유발할 수 있다. 신장에 이상이 있을 경우 과잉증이 발생할 수 있다.

칼륨은 세포 내액內液의 중요한 양이온으로 근육세포에 많다. 세포 내액의 산, 알칼리 평형에 중요한 미네랄이다. 나트륨과 길항작용이 있어 체내의 나트륨을 배설시키고, 나트륨을 배설시킴으로써 혈압을 정상적으로 유지하게 한다. 리보솜의 단백질 합성과 글리코겐 합성, 혈당조절, 심장 고동의 리듬, 신경의 자극 전달, 근육의 수축 등에 관여한다. 인슐린의 분비를 도우며 마그네슘과 함께 심근경색을 억제하는 화학적 방어제라고 할 수 있다.

칼륨 결핍 시 구토, 현기증 식욕감퇴, 근육경련, 부정맥, 저혈당, 혈압저하, 근력저하, 당뇨병성 산독증[13]이 올 수 있다. 과잉시에는 신부전증, 급성 탈수증, 부신피질 부전증, 산독증 등이 올 수 있다.

---

13 산독증酸毒症, acidosis : 혈액 중의 산酸이 비정상적으로 증가하거나 알칼리가 비정상적으로 감소한 상태

칼슘 다음으로 체내에 많이 존재하는 미네랄이다. 인체의 뼈와 치아를 생성하는 주요성분이며 칼슘과 상호작용으로 뼈와 치아를 튼튼하게 한다.

분자생물학 측면에서도 인 화합물은 생물 단백질인 DNA 분자가 끊임없이 복제되고 합성되어 이루어진 것으로서, 인이 없으면 생명도 정지되게 된다. 세포막을 형성하는 인지질로 어떠한 세포 속에도 존재하며, 근육기능 및 에너지 신진대사에 참여한다. DNA, RNA의 구성성분이며, 조직성장 및 재생에 필요한 역할을 한다.

결핍될 때는 골격이 약해지고 근육이 허약하게 된다. 흥분, 뼈의 통증, 피로, 호흡의 불규칙, 소아의 경우 뼈의 약화, 발육부진, 심근질환 및 신경장애가 발생하며 헤모글로빈의 산소 포화 장애가 발생하게 된다. 또한 구루병[14]과 손떨림병에 걸리기 쉽다.

황은 인체 조직에 다량으로 들어 있는 미네랄 중의 하나이다. 세포 단백질의 구성 성분이며, 모든 세포 내에 존재한다. 조직의 호흡작용, 생물적 산화 과정 등에 기여한다. 주로 시스테인, 시스틴, 메티오닌 등의 황을 함유하는 아미노산으로 단백질의 합성원료로 되어 효소, 단백질, 조직, 피부, 손발톱과 모발에 많다. 글루타치온GSH, 연골성분, 각종 유기화합물로도 존재한다.

세포의 원형질 보호, 체내 산화 반응에 필요하다. 혈액 해독에 관여하며, 비오틴이라는 황을 함유하는 비타민H는 많은 효소작용을 돕는 화합물로 이용이 되어 지방질과 아미노산의 신진대사에 관여하며 결핍되면 피부염이 오기 쉽다. 이황화 결합S-S bond 결합생성을 도와 콜라겐 형성에 기여한다. 황의 부족으로 오는 증상은 각기병脚氣病[15], 신경염, 머리카락, 손톱, 발톱의 연화증軟化症 등이 있다.

---

14 구루병rickets : 비타민 D 결핍증이라고도 하는데, 골연화증 구루병은 4개월~2세 사이의 아기들에게서 잘 발생하는 것으로 알려진 비타민 D 결핍증으로, 머리, 가슴, 팔다리뼈의 변형과 성장 장애를 일으킨다.

15 각기병beriberi : 각기병이라는 이름은 '나는 할 수 없어, 나는 할 수 없어I can't, I can't'를 의미하는 스리랑카 원주민의 언어로부터 유래된 것으로 알려져 있다. 전형적인 티아민(비타민 B1) 결핍증은 정제된 쌀을 주식으로 먹는 경우에 나타나며, 수 주일 간 정제된 쌀만 먹으면 발생할 수 있다. 신경계, 피부, 근육, 소화기처럼 열량대사와 중요한 곳이 비타민 B1 결핍에 더욱 민감하여, 이들 장기를 중심으로 다양한 증상이 발생한다. 대표적인 증상으로는 식욕저하, 체중감소, 무감각, 단기 기억력 상실, 혼돈, 소화기계 통증, 과민, 말초신경 무감각, 근육약화 등을 들 수 있다.

미량 미네랄

01 철Fe

헤모글로빈 속에는 철이 함유되는데 이 철은 헤모글로빈의 산소와 결합하는 데 중요한 역할을 하고 있다. 인체의 철분 중 74%는 헤모글로빈의 구성요소로서 적혈구 속에 함유되어서 전신을 맴돌고 있고, 26%는 간, 비장, 골격 등에 저장철로 존재한다. 철은 체내의 많은 효소의 구성성분이다. 철분은 스트레스와 질병에 대한 저항, 어린이의 성장 발육에 매우 중요한 미네랄로서 특히 임신이나 출산에 즈음하여 철분의 균형을 잃지 않도록 노력해야 한다. 철분이 부족하면 헤모글로빈을 만들 수 없어서 적혈구도 보통보다 작아지게 되며 빈혈에 걸리기 쉬우며, 신체도 쉽게 피로해지며, 기억력이 감퇴하고 집중력이 떨어진다. 특히 아동의 지력智力이 저하되고 질병의 저항력이 떨어져 감염되기 쉽다. 이외에 점막 세포로 이루어진 소화관의 위축, 손톱의 연화軟化, 골격근의 미오글로빈 부족, 시토크롬 부족에 의한 전자전달계의 기능감소 등의 부작용이 있다.

02 구리Cu

체내에서 효소를 비롯한 여러 단백질의 한 부분으로 존재하는 필수원소이다. 저장된 철분과 장내의 철분을 헤모글로빈이 생성되는 골수로 이동시킨다. 따라서 구리가 부족하면 빈혈이 되기 쉽다.

구리는 동물의 조직기관, 예를 들어, 간, 뇌, 신장, 심장, 근육 등에 널리 분포되어 있으며 혈액 속에도 존재한다. 갑상선, 뇌하수체, 전립선, 흉선에도 함유되어 있다. 생명 활동의 유지에 있어서 아주 중요한 작용을 발휘한다.

만약 구리가 없다면 인간의 호흡작용은 그 의미를 잃을 것이며, 심지어는 혈액의 생성이 불가능하여 생존의 기본조건까지도 상실할 것이다. 세포 내 미토콘드리아의 신진대사 작용에 관여하며 세포에너지 즉, ATP 생성에 관여하고 있다. 결합조직의 유지, 세포의 산화적酸化的 손상 예방에도 관련이 있다.

또한, 장의 철 흡수와 이용을 높여 심장 혈관계의 유지 및 면역기능의 활성화를 돕는다. 항산화효소의 작용에도 필요한 미네랄이다. 당질 신진대사에 이용되며, 콜레스테롤 신진대사, 조혈작용, 콜라겐 합성에 관여한다.

구리가 부족할 때 나타나는 증상은 악성빈혈, 혈장농도의 감소, 조혈작용의 장애, 빈혈, 면역력 저하, 갑상선 기능 저하, 일반적인 허약 증세 등이 있다.

03 아연Zn

약 300종류의 효소 활성화에 필요한 미네랄로 중요한 효소의 합성에 참여를 하면서 생물학적 작용을 발휘하여 RNA, DNA 등의 핵산과 단백질의 합성에 중요한 역할을 한다. 뿐만 아니라 세포의 분열 및 분화과정에도 필수적이며, 동물의 성장 발육, 생식력, 면역력, 조직재생능력 등에 영향을 미친다. 아연은 인슐린 분자의 한 구성 성분으로 인슐린 생성에 관여하며, 당분 신진대사 작용 및 탄수화물 신진대사 작용에 중요한 역할을 한다. 성장 골격과 근육형성에 영향을 미치며, 알코올 분해에 관여한다.

어린이의 경우 분유에 필수적으로 포함되는 원소이다. 일전에 중국에서 아연 결핍 분유가 유통되면서 아이들이 뇌 신경 박약 및 수두증水頭症에 걸리는 결과를 초래하기도 했다. 땀과 소변으로 철의 약 10배나 되는 양이 배출되므로 결핍될 우려가 많다. 결핍될 경우 단백질의 합성을 저해하며, 생식 기관 발달 저해, 발육부진, 근육발달 저해, 미각장애, 상처 회복 저해, 식욕부진, 빈혈, 면역기능의 현저한 저하가 나타난다.

04 망간Mn

골격과 뇌하수체와 유선乳腺에 많이 분포하고 있다. 효소의 구성성분으로 당질이나 지방질의 신진대사에 중요한 역할을 한다. 부족하면 성호르몬의 합성기능이 저하된다. 혈당조절, 뼈 성장 및 연골조직 형성에 관여한다. 망간 결핍은 현저한 지능 저하를 초래하며, 특히 산모의 망간 결핍은 기형아를 유발할 가능성이 크다.

망간이 결핍된 사료를 수컷 동물에게 먹인 결과 고환의 퇴화, 성 기능 저하, 불임의 증상이 나타났다. 망간은 당뇨병과도 큰 연관이 있다. 당뇨병 환자의 혈중 망간 함량은 건강한 사람에 비해 낮으므로 망간 결핍은 당뇨병 발생의 중요한 원인일 가능성이 있다. 아주 소량의 망간을 당뇨병 환자에게 주사해서 혈당 농도가 내려가는 것을 발견하였고, 망간이 있는 효소는 종양억제제에도 관여한다는 보고가 있었다. 정신분열증 및 신경쇠약의 치료, 관절염 및 당뇨병 치료에 도움이 될 수 있다.

05 셀레늄Se

항산화효소의 구성성분이 되는 미네랄로 비타민 A, C, E와 공동으로 항산화제 기능을 발휘하다. 항산화제로 알려진 천연비타민 E의 1,970배, 합성비타민의 2,940배 정도의 효능이 있다고 한다. 유해 금속의 독성을 억제하는 기능이 있다. 또한, 발암물질의 활성화를 막고 암세포의 성장을 억제한다고 알려지고 있다. 지방 신진대사에 관여해 혈전血栓 생성을 억제하고 혈관벽과 심장 세포를 활성산소의 공격으로부터 보호하므로 심장 혈관계질환을 예방해 준다. 협심증, 심근경색 예방, 고혈압, 동맥경화, 백내장, 관절염, 근위축증筋萎縮症, 정력 감퇴 등에 효력이 있고, 성장과 발육, 생체 면역 기능 강화에 영향을 준다.

06 게르마늄Ge

게르마늄은 반도체의 특성을 가지고 있다. 산소 3개와 결합되어 있는 유기 게르마늄은 전기적으로 음전하를 띠고 있는데, 우리 몸에 좋지 않은 수소이온, 중금속, 과산화 지질, 노폐물, 환경호르몬 등은 양전하를 띠고 있다. 따라서 게르마늄은 인체 내 나쁜 오염물 등과 결합해 배출하고 몸에 필요한 산소를 제공한다.

게르마늄은 수소이온을 제거해 혈액이 산성화되는 것을 막고, 앞서 언급한 독소와의 결합 작용에 의해 과산화지질, 콜레스테롤 등의 독소를 제거해 혈관이 막히는 것을 막아 주어 혈압을 내려 준다. 그리고 수은, 카드뮴, 납 등 중금속과 결합하여 체외로 배출한다.

암에 대한 게르마늄의 효능은 산소 제공 효과 이외에 인터페론[16]의 유발능력에도 있다. 인터페론은 탐식세포를 활성화시킴으로써 면역반응을 항진시키고 암세포를 공격하는 자연방어세포의 활성을 높여 간접적으로 암세포의 증식을 억제한다. 인터페론을 유발하는 몇 개의 물질이 있는데 이러한 물질을 '인터페론 유도체誘導體'라고 한다. 게르마늄은 매우 우수한 인터페론의 유도체이고 체내의 축적작용이 없어 안전하며, 암을 예방 및 치료하는 면역요법에서 매우 중요한

---

16 인터페론Interferon : 바이러스의 침입을 받은 세포에서 분비되는 단백질로 바이러스의 침입에 대하여 저항하도록 생체 내의 세포들을 자극하는 물질이다. 인터페론은 세포 안에서 바이러스가 증식하는 것을 막고, 이러한 생물에 대항해서 체내에서 빠르게 합성되는 매우 중요한 방어 체계이다. 대부분의 바이러스 감염이 사람의 생명에 크게 지장을 주지 않는 것은 주로 인터페론의 작용 때문이다.
인터페론의 작용은 매우 다양한데, 바이러스로부터의 세포보호, 조직배양에서나 골수에서의 세포분열 억제, T세포의 작용 조절, NK세포Natura Killer Cell의 기능 항진을 유도하여 식균 작용을 상승시키고, 또 특수 암세포의 분열 억제 등 이루 헤어릴 수 없이 많이 알려져 있다.

물질로 관심의 대상이 되고 있다.

혈액의 정화, 혈압의 정상화, 면역기능 강화, 진통, 항산화 작용 등이 있다.

07 요오드I

요오드는 갑상선에서 분비하는 티록신Thyroxine이란 호르몬의 구성요소이다. 티록신은 물질의 분해, 에너지 생산을 촉진한다.

요오드가 결핍되면 갑상선 부종浮腫, 피로와 빈혈, 발육 정지, 비만증 등이 발생한다.

08 규소Si

인체에서 규소는 1/100,000에 지나지 않지만 뼈, 피부, 모발, 손톱, 발톱 등에 포함되어 있는 매우 중요한 미량 미네랄 중의 하나다.

규소는 칼슘처럼 뼈의 구조를 튼튼히 해주고, 결합조직·힘줄·연골을 견고히 해 준다. 동맥경화, 심장병 등을 예방하고, 항염 효과를 발휘하여 면역력을 증진한다. 세포 및 조직의 노화를 방지하는 역할을 한다. 결핍되면 손발톱이 연화軟化되고, 피부가 탄력이 없어지며, 탈모가 되기 쉽다.

09 코발트Co

간에서 합성되어 빈혈을 예방해주는 비타민 B12의 구성성분이며, 여러 효소를 활성화하며, 항빈혈 효과를 갖는다. 혈중 콜레스테롤 농도를 떨어뜨려 동맥경화를 예방한다. 결핍 시 악성빈혈을 일으킬 수 있다.

10 크롬Cr

당 신진대사, 지방 신진대사를 유지하는데 중요하고도 필수적인 원소이다. 크롬은 인슐린과 함께 세포에서 당 흡수와 이용을 잘하게 도와주는 역할을 하며 크롬 결핍 시 인슐린 요구량이 증가한다. 인슐린이 정상의 모양을 갖추는데 필요한 인자이다. 성인 당뇨병이나 스테로이드로 인한 당뇨병 및 반응성 저혈당증에 효과적이다. 또한, 콜레스테롤을 낮추는 효과가 있다고 알려져 있다. 크롬 부족 시 당뇨병, 저혈당증, 콜레스테롤의 증가, 비타민 C의 흡수방해, 정장장해, 각막 혼탁, 두통, 피로, 근심, 불안감 등이 나타난다. 6가 크롬은 DNA의 구조를 변화시켜 피부암, 폐암을 유발하는 것으로 보고되고 있으며, 생식기 계통에 독성 물질로 작용할 수도 있다.

⟨11⟩ 불소F

치아의 구성성분이다. 충치의 발생을 억제하며 동시에 치아의 강도를 높인다. 골질 경도 증가, 골절骨折 회복을 촉진한다. 결핍 시 충치가 유발될 가능성이 있다.

⟨12⟩ 몰리브덴Mo

몰리브덴은 불소 침착증으로 인한 치아문제 치료에 유용하다. 수은과 카드뮴의 배설을 촉진하거나 독성을 경감시키는 효과가 있다. 발암물질인 니트로소 화합물의 발암성을 억제한다.
구리의 과다에 의해 몰리브덴 결핍이 유발될 수 있다. 몰리브덴 결핍 시 뇌장애, 정신장애, 수정체 이상, 충치발생, 요산의 증가로 인한 통풍, 신장 결석이 온다.

⟨13⟩ 바나듐V

성인 몸의 약 0.2mg 존재하며 당뇨의 치료에 이용되면서 유명해졌다. 건강한 뼈와 연골, 치아의 형성에 필요하고, 세포 신진대사에 필수성분이다. 지질 신진대사에 관여하여 콜레스테롤의 합성을 저해하며 성장과 생식에도 필요한 성분이다. 결핍 시 콜레스테롤 수치 상승, 심혈관 및 신장질환, 생식능력 저하 등이 나타난다.

⟨14⟩ 붕소B

칼슘, 마그네슘과 같이 뼈를 구성하는 성분은 아니지만 뼈의 성장에 관여하는 효소를 돕는다. 비타민 D를 활성화하며, 칼슘과 마그네슘의 손실을 막아주어 폐경기 이후의 여성에게 골다공증이나 근육의 손상을 막는다. 붕소 결핍 시 골다공증, 골관절염 등이 유발될 수 있으며, 소변 내의 칼슘 손실의 증가와 에스트로겐 호르몬의 감소 상태가 관찰될 수 있다.

스트론튬의 화학성질은 칼슘과 비슷하며 적절한 뼈 성장과 충치예방에 필요하다. 세포 내 에너지 생성구조를 방어하는 효과를 나타낼 수 있다고 한다. 섭취한 스트론튬은 장내에서 약 20% 정도가 흡수되며, 흡수 속도 또한 아주 빠르다. 과다 축적이 되면 칼슘의 흡수와 대사에 영향을 준다. 흡수된 스트론튬은 칼슘 함량이 높은 기관에 저장되는데, 예를 들어 뼈는 스트론튬의 저장창고이며 치아의 스트론튬 함량 역시 높다. 스트론튬은 인과 함께 사구체를 통과할 수 없는 인산염을 형성한다. 안정적이고 매우 독성이 적은 미량원소이다.

신경보호 작용으로 노화와 관련된 퇴행적인 두뇌 수축을 억제하는 능력을 보여준다. 칼슘과 인의 작용을 도와 뼈형성을 촉진할 수 있으며, 면역력 증강, 항산화 효과, 조울증에 도움이 된다는 보고가 있으며, 연구원들은 이 필수적인 미량 미네랄의 잠재력을 계속 연구하고 있다.

참고문헌

김일훈: 신약본초전편, 인산동천, ISBN 2010244000054

김일훈: 신약, 인산가, ISBN 2010244000061

정동효: 소금의 과학, 유한문화사, ISBN 978-89-7722-574-9

성재효: 미네랄이 해답이다, 글마당출판사, ISBN 978-89-87669-57-1

박연수: 생로병사의 열쇠 미네랄, 도서출판 마음향기, ISBN 89-955949-9-3

야마다 도요후미: 생명의 균형, 미네랄 3.5%, 북폴리오출판사,
            ISBN 89-378-3086-8

정종희: 생명의 소금, 올리브나무출판사, ISBN 978-89-93620-15-3

함경식·정종희·양호철: 소금이야기, 동아일보사, ISBN 978-89-7090-557-0

오오모리다카시: 미네랄의 체내작용과 중요성, 문진출판사,
            ISBN 978-89-87849-81-2

시어도어그레이: 세상의 모든 원소 118, 꿈꾸는과학, ISBN 978-89-8401-159-5

이광웅·강봉균 外: 생명, 생물의 과학, 교보문고, ISBN 978-89-7085-798-5

일반화학교재연구회: 현대일반화학, 자유아카데미, ISBN 89-7338-424-4

닥터 월렉 강연: 죽은 의사는 거짓말을 하지 않는다, ISBN 89-8301-060-6

English Literature

Daivd Brownstein, M.D.: Salt your way to health, ISBN978-0-9660882-4-3

Peter Ferreira·Babara Hendel: Water & Salt, ISBN 978-3-9523390-0-8

Mark Bitterman: Salted, ISBN 978-1-58008-262-4

F.Batmanghhelidj, M.D.: Your body's many cries for water,
            ISBN 0-9702458-8-2

Dr.Joel Wallach: Dead Doctors Don't Lie, ISBN 0974858102